THOMAS PESQUET

¡Embárcate en la Estación Espacial Internacional!

Agencia Espacial Europea

 esa

BLUME

Este libro se ha realizado en colaboración
con la Agencia Espacial Europea (ESA).
Los derechos de autor se donan a la organización
humanitaria Aviation Sans Frontières.

Cuando era más joven, siempre quise tener una perspectiva del mundo desde las alturas. Construir casas en los árboles o estudiar mapas (reales o imaginarios) eran formas de observar mi entorno desde arriba, de intentar abarcar con una sola mirada extensiones lo más vastas posible para estudiarlas y comprenderlas. La geografía me fascina desde hace mucho tiempo, ya que explica tanto los fenómenos naturales como las relaciones entre los humanos que habitan el planeta. Este deseo de representar el mundo poniéndolo a mi escala personal me llevó hacia profesiones que se ejercieran en las alturas: en primer lugar, piloto, y después, astronauta.

Mi primera misión espacial me enseñó a vivir y trabajar en el espacio, y también a admirar el mundo desde más arriba: la finitud y fragilidad de la Tierra me han marcado profundamente y me acompañarán siempre. Durante mi segunda misión, intenté de nuevo compartir esta magnífica, y, en ocasiones, inquietante vista, pero sobre todo comentarla. ¿Qué vemos en esa fotografía de hermosos colores? ¿Qué fenómeno natural se oculta tras esas formas particulares? Después de casi 400 días en el espacio, identifico instantáneamente las costas, las montañas, los desiertos y los bosques de nuestro planeta, que conozco casi de memoria.

No hay mejor manera de compartir esta pasión por la Tierra que reflejarla en un libro. Son muy numerosos los fenómenos relacionados con el cambio climático que se suelen mencionar en nuestra sociedad, a veces sin entenderlos realmente. ¿Cómo se funden los glaciares? ¿Por qué se producen cada vez más incendios de proporciones enormes? ¿Cuáles son las consecuencias de la deforestación? ¿Cómo encajan entre sí estos acontecimientos, que ya son complejos para comprenderlos individualmente? He pretendido, más allá de la belleza de las imágenes, utilizarlas para ofrecer a los lectores jóvenes los elementos clave que les permitan interpretar nuestro entorno, ya que es fundamental entender qué es el cambio climático para poder combatirlo con mayor eficacia.

¡Buena lectura!

Contenido

Astronauta,
una profesión extraordinaria

La selección de los astronautas

Unos quinientos astronautas han viajado al espacio en sesenta años de exploración espacial. Para los próximos años se prevén grandes proyectos: una base lunar, una estación espacial en órbita lunar o una expedición a Marte, y aumentarán las oportunidades de participar en algunas misiones.

Para ser astronauta no existe ninguna titulación específica. Es preciso ser seleccionado por alguna de las agencias espaciales como ESA en Europa, NASA en Estados Unidos, Roscosmos en Rusia o JAXA en Japón.

¿Qué es la ESA?

La Agencia Espacial Europea (ESA, por sus siglas en inglés: European Space Agency) desarrolla y coordina los proyectos espaciales que llevan a cabo los 22 estados miembros: Alemania, Austria, Bélgica, Dinamarca, España, Estonia, Finlandia, Francia, Grecia, Hungría, Irlanda, Italia, Luxemburgo, Noruega, Países Bajos, Polonia, Portugal, Reino Unido, República Checa, Rumanía, Suecia y Suiza. ¡Ha creado el cohete Ariane, ejecutado las misiones de astronautas europeos y lanzado numerosos satélites y sondas espaciales!

Criterios para acceder a la selección:

- Tener entre 27 y 50 años y ser ciudadano de uno de los países miembros de la ESA.
- Ser graduado en Ciencias (física, ciencias de la Tierra, medicina, matemáticas, informática, química, etcétera) y contar con una titulación de máster, o bien, ser ingeniero o piloto.
- Haber trabajado durante un mínimo de tres años.
- Hablar inglés de forma fluida y contar con experiencia internacional.
- Estar en buena forma física y psicológica: ser capaz de mantener la calma bajo presión, saber trabajar en equipo con compañeros de otras nacionalidades y gestionar la vida lejos de la familia.

Las misiones espaciales

La tripulación de la nave Crew Dragon 2: Megan McArthur (NASA, Estados Unidos), Thomas Pesquet (ESA, Francia), Akihiko Hishide (JAXA, Japón) y Robert Shane Kimbrough (NASA, Estados Unidos).

A bordo de la Estación Espacial Internacional, los astronautas deben realizar numerosas tareas científicas y mecánicas. Llevan a cabo experimentos, organizan la vida en la Estación, reparan y mantienen los equipos, realizan paseos espaciales y redactan informes regulares para los equipos de control en la Tierra. Deben ser capaces de resolver problemas técnicos y afrontar situaciones de emergencia. Todas estas tareas tienen como objetivo aprender más sobre la Tierra, su entorno espacial, el Sistema Solar y el universo. Los astronautas ponen a punto tecnologías y servicios para los ciudadanos europeos y las necesidades en la Tierra, así como para preparar las futuras expediciones a la Luna y Marte.

Cada expedición tiene su propia insignia.

El entrenamiento

Contrariamente a lo que se pudiera creer, los astronautas pasan más tiempo en tierra que de viaje por el espacio. La fase de preparación puede durar varios meses, con numerosos cursos, mucho deporte y pilotaje. Deben realizar entrenamientos muy físicos (buceo, prácticas de supervivencia en la naturaleza) y se preparan para los paseos espaciales y para el vuelo en ingravidez. A veces deben hacer cursos intensivos de un nuevo idioma para comunicarse con sus compañeros a bordo de la Estación. A medida que se acerca la misión, entrenan la ejecución de los experimentos científicos programados, como en un laboratorio.

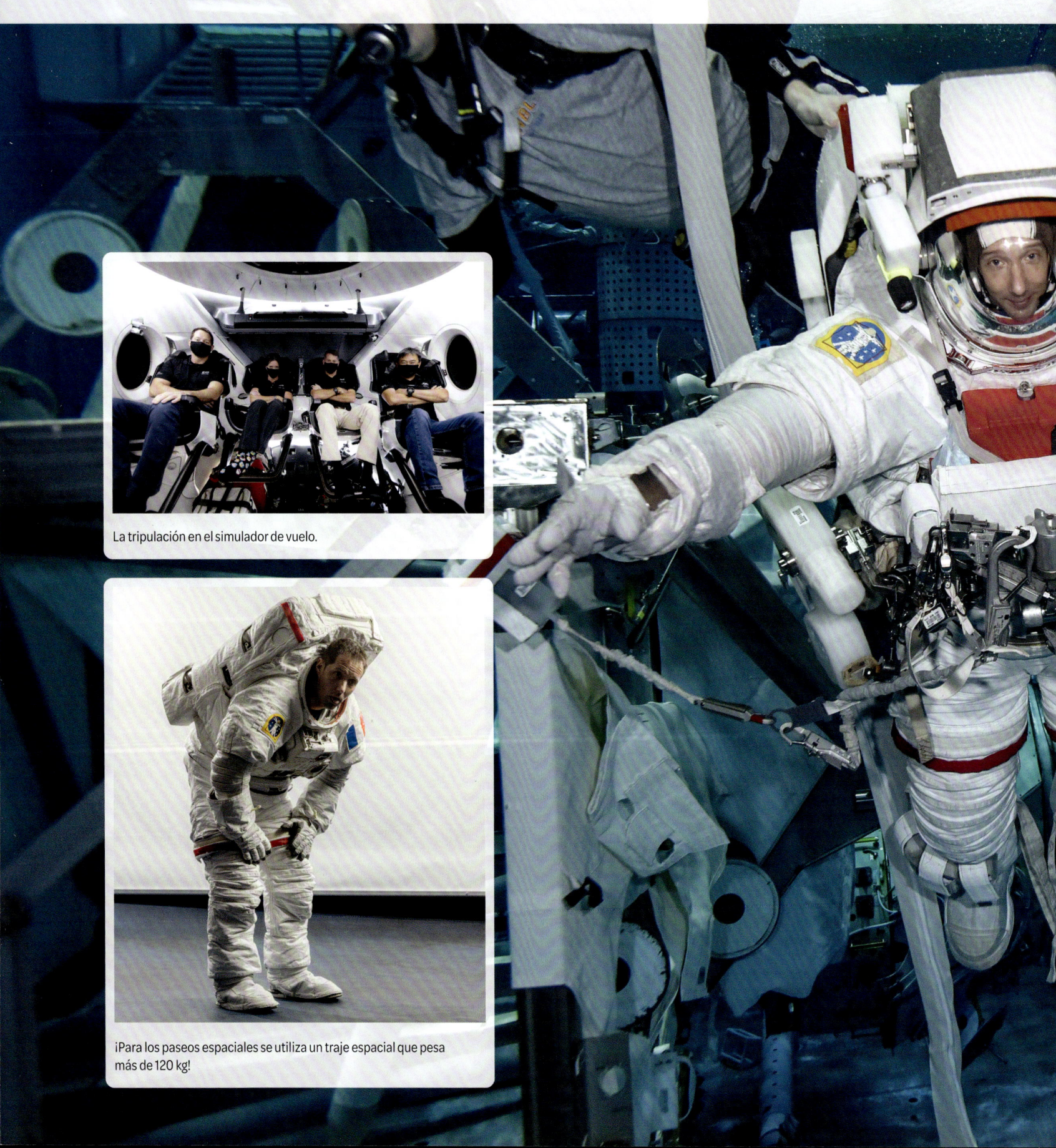

La tripulación en el simulador de vuelo.

¡Para los paseos espaciales se utiliza un traje espacial que pesa más de 120 kg!

En pleno entrenamiento deportivo.

¡De vuelta a la escuela para aprender ruso!

La única manera posible de prepararse para los paseos espaciales es sumergirse en una piscina en la que se reproduce la Estación Espacial a tamaño natural. En el agua se sienten los efectos que se asemejan a los de la ingravidez. Se pasan horas en ella repitiendo los programas de todas las operaciones.

Del despegue a la llegada a la Estación Espacial

¡Ha llegado el día! Después de varias semanas, la tripulación se reúne en la base de lanzamiento: Baikonur en Kazajistán o Cabo Cañaveral en Florida, Estados Unidos. Del mismo modo que el puerto espacial de Kourou en Guayana, las bases suelen estar situadas cerca del ecuador, que es donde la fuerza centrífuga de la Tierra es máxima, lo que facilita el lanzamiento de los cohetes. Los astronautas son trasladados a la plataforma de lanzamiento y suben a la parte superior del cohete donde acceden a la cápsula, listos para el despegue.

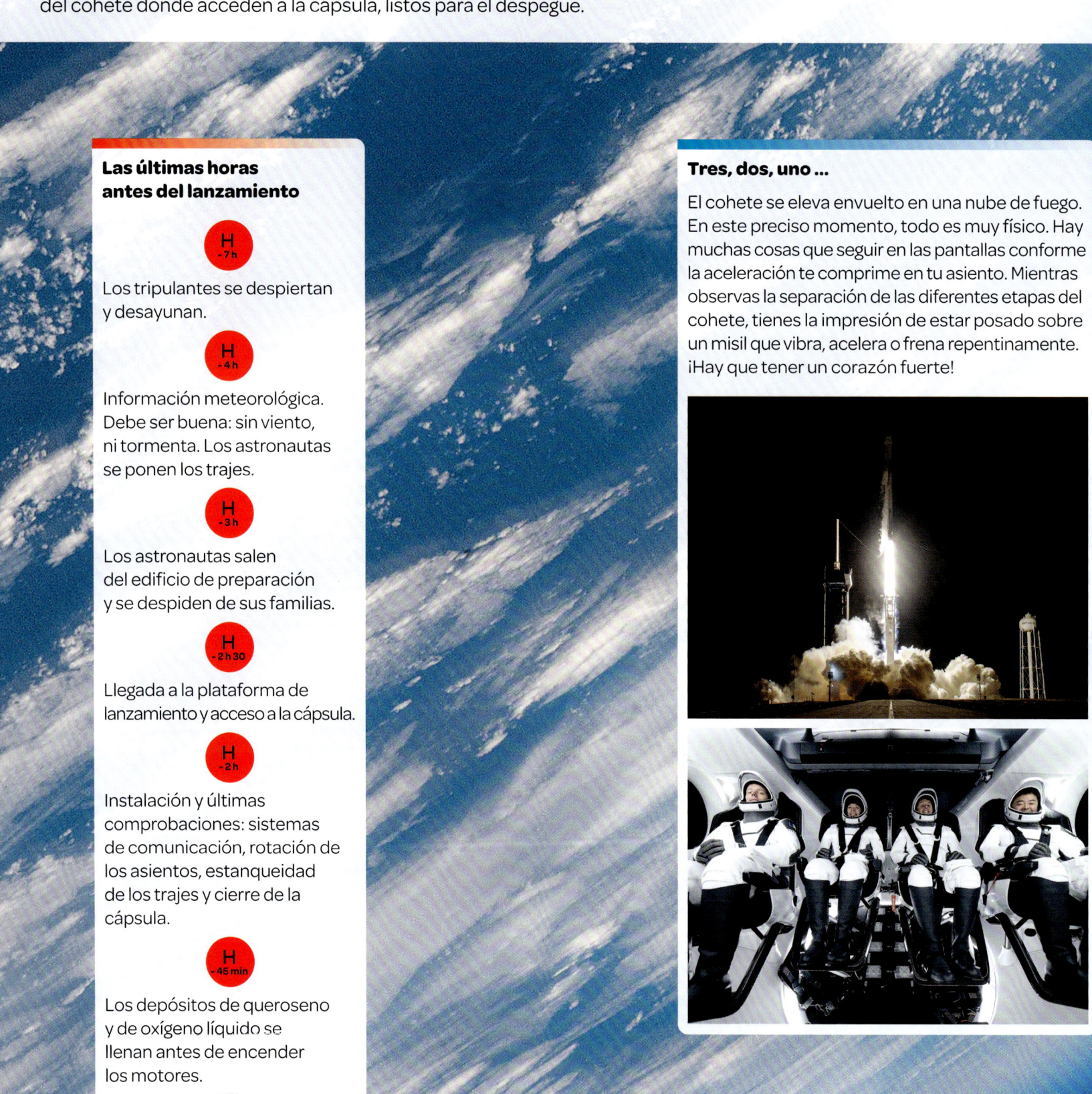

Las últimas horas antes del lanzamiento

H -7 h
Los tripulantes se despiertan y desayunan.

H -4 h
Información meteorológica. Debe ser buena: sin viento, ni tormenta. Los astronautas se ponen los trajes.

H -3 h
Los astronautas salen del edificio de preparación y se despiden de sus familias.

H -2 h 30
Llegada a la plataforma de lanzamiento y acceso a la cápsula.

H -2 h
Instalación y últimas comprobaciones: sistemas de comunicación, rotación de los asientos, estanqueidad de los trajes y cierre de la cápsula.

H -45 min
Los depósitos de queroseno y de oxígeno líquido se llenan antes de encender los motores.

H -10 s
Cuenta atrás y despegue

Tres, dos, uno ...

El cohete se eleva envuelto en una nube de fuego. En este preciso momento, todo es muy físico. Hay muchas cosas que seguir en las pantallas conforme la aceleración te comprime en tu asiento. Mientras observas la separación de las diferentes etapas del cohete, tienes la impresión de estar posado sobre un misil que vibra, acelera o frena repentinamente. ¡Hay que tener un corazón fuerte!

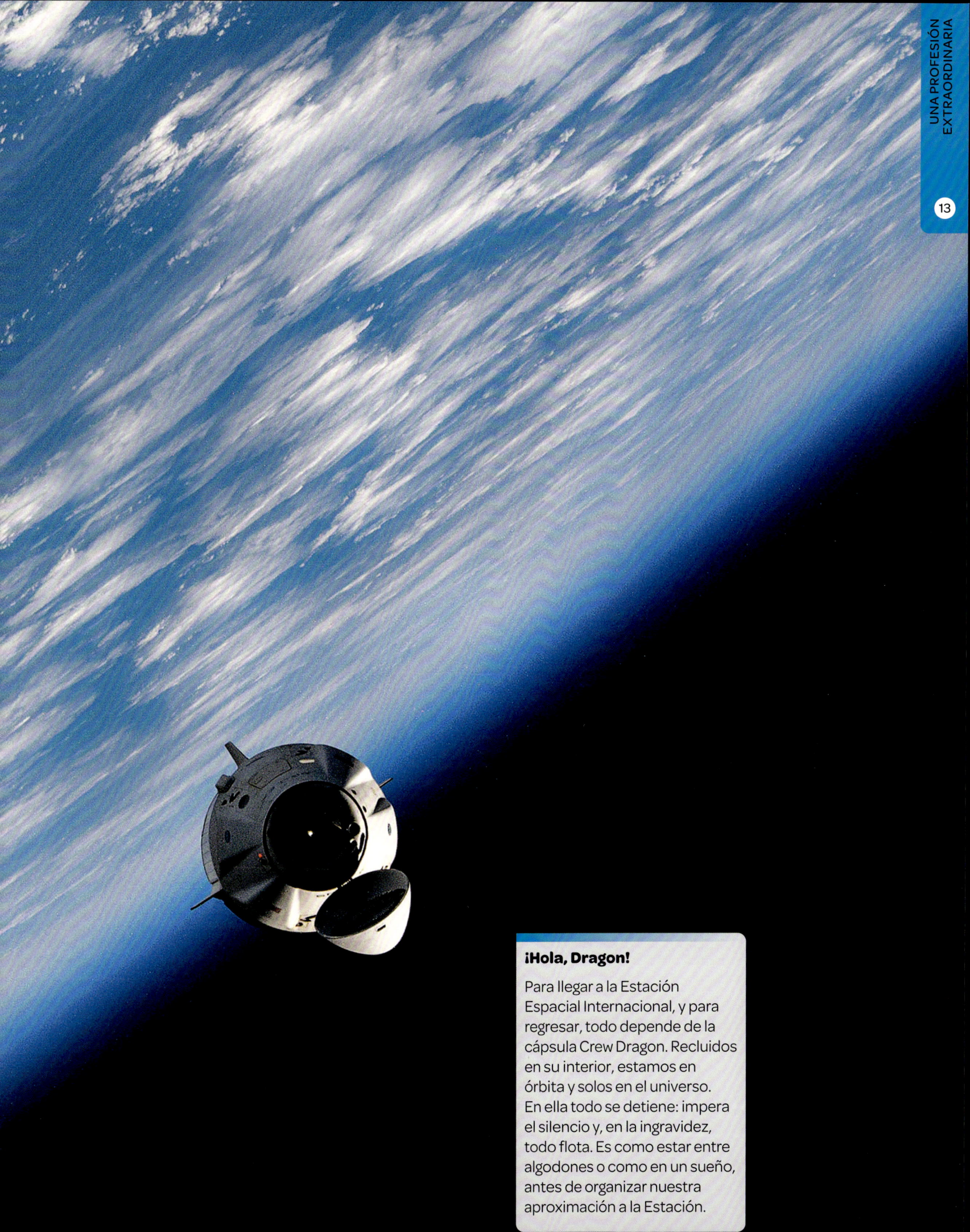

¡Hola, Dragon!

Para llegar a la Estación
Espacial Internacional, y para
regresar, todo depende de la
cápsula Crew Dragon. Recluidos
en su interior, estamos en
órbita y solos en el universo.
En ella todo se detiene: impera
el silencio y, en la ingravidez,
todo flota. Es como estar entre
algodones o como en un sueño,
antes de organizar nuestra
aproximación a la Estación.

La Estación Espacial, nuestra nave en el espacio

La Estación Espacial es impresionante, con ocho paneles solares de casi 20 metros de longitud. Es inmensa, del tamaño de un campo de fútbol, y con un volumen habitable equivalente al de un gran avión comercial. Después de más de veinte años, es la nave más extraordinaria construida para observar nuestro planeta y albergar astronautas de todo el mundo. Es uno de los laboratorios más increíbles (1000 m³), una especie de planeta en miniatura, donde la ingravidez suprime las nociones de arriba y abajo. Todo está ordenado de un modo muy preciso y complejo.

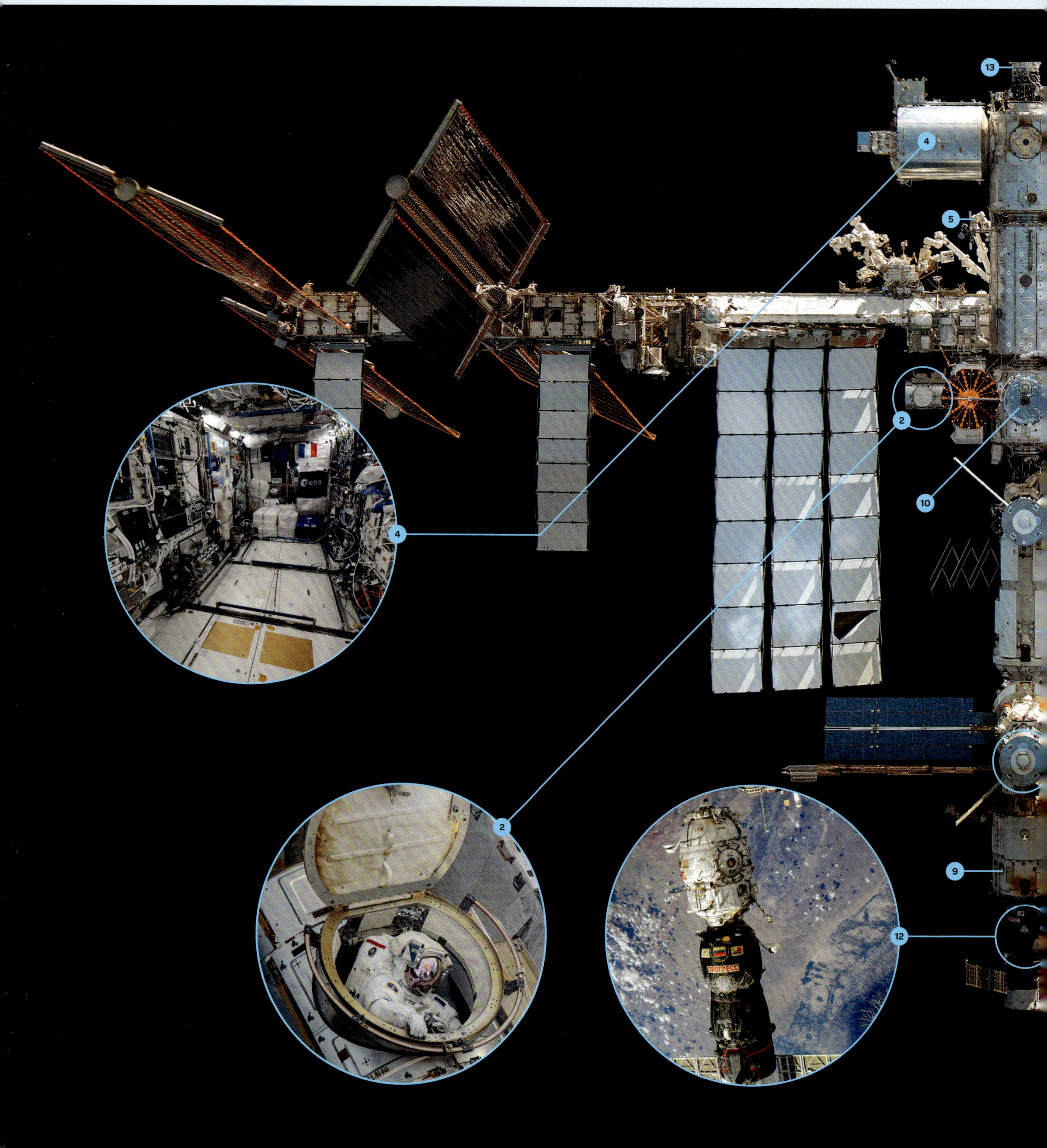

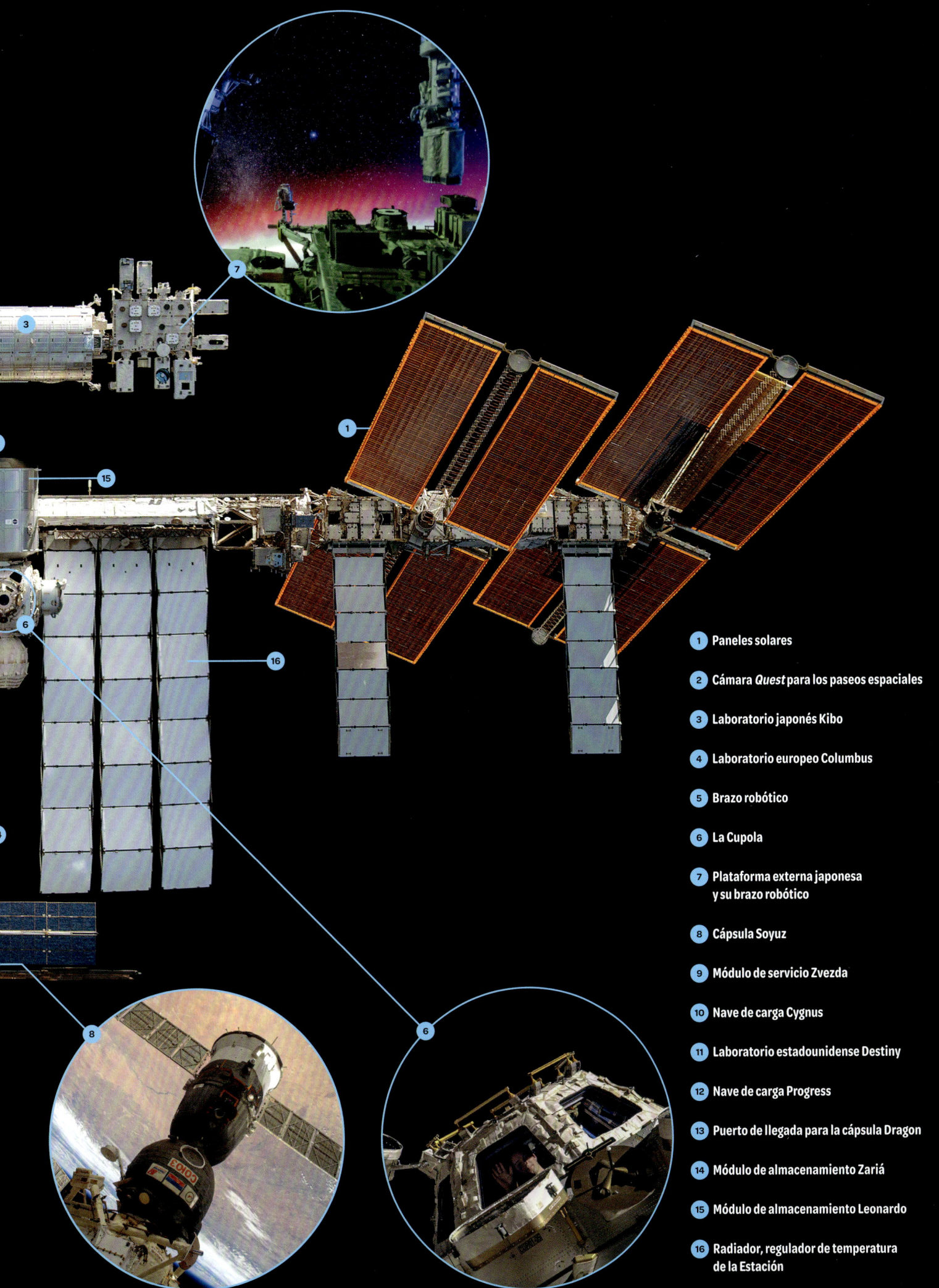

1 Paneles solares

2 Cámara *Quest* para los paseos espaciales

3 Laboratorio japonés Kibo

4 Laboratorio europeo Columbus

5 Brazo robótico

6 La Cupola

7 Plataforma externa japonesa
  y su brazo robótico

8 Cápsula Soyuz

9 Módulo de servicio Zvezda

10 Nave de carga Cygnus

11 Laboratorio estadounidense Destiny

12 Nave de carga Progress

13 Puerto de llegada para la cápsula Dragon

14 Módulo de almacenamiento Zariá

15 Módulo de almacenamiento Leonardo

16 Radiador, regulador de temperatura
   de la Estación

Los experimentos científicos

La Estación Espacial Internacional es un laboratorio de última generación en el que se utiliza el entorno espacial, y, en particular, la ingravidez, para llevar a término investigaciones y conseguir resultados imposibles en la Tierra. Todos los días, la tripulación realiza tareas técnicas cronometradas de una forma muy precisa. Son los ojos y los oídos de los equipos en tierra y los conejos de indias de experimentos complejos e innovadores. Vacunas, tratamientos médicos, nuevas tecnologías: la lista es muy amplia. Además, gracias a estos estudios, serán posibles las misiones del futuro a la Luna y Marte.

Equipos de última generación

Cada uno de los módulos de la Estación alberga numerosos instrumentos de investigación, agrupados por temas en armarios instalados en las paredes, cada uno de su especialidad. Aquí se puede ver, en el techo, el *Fluid Science Laboratory*, en el que se estudia el comportamiento de los fluidos y los musgos en la ingravidez.

En pleno trabajo

Es necesario asegurar la alimentación quincenal de los tardígrados, unas criaturas microscópicas que también se conocen como osos de agua. Son increíblemente resistentes, capaces de sobrevivir en entornos extremos tanto en la Tierra como en el espacio.

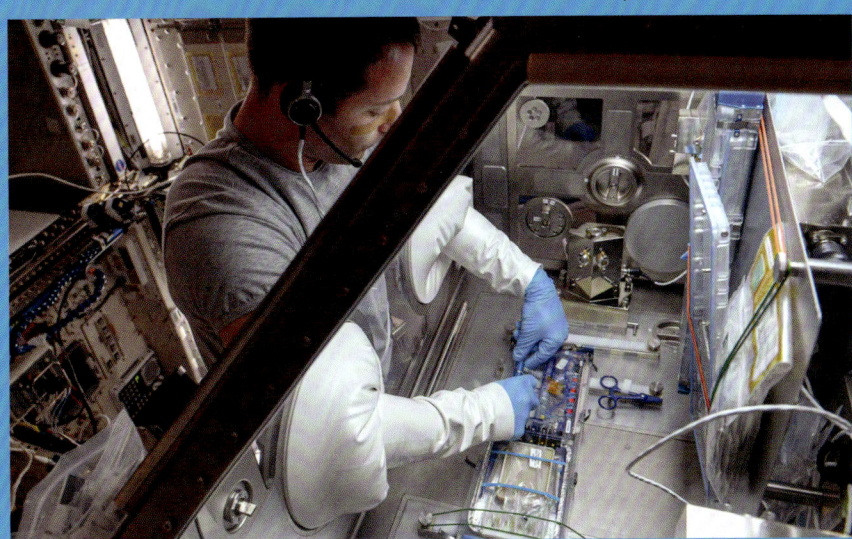

Cultivos

Es posible cultivar plantas, frutas y legumbres en el espacio, para lograr avances de la agricultura en la Tierra, o para los futuros viajes espaciales de muy larga duración. Colocamos tierra sobre una superficie plana que hemos cubierto con una película plástica y regado inyectando el agua con una jeringa. Gracias a la iluminación automática, que alterna el día y la noche, conseguimos los primeros pimientos en tres meses. La cosecha sigue siendo un excelente recuerdo para todo el equipo.

El mantenimiento y la logística

El ritmo de la vida cotidiana de los astronautas viene marcado por la llegada y la partida de las naves de avituallamiento, que traen combustible, agua, oxígeno, ropa, alimentos y materiales. La tripulación se moviliza igualmente para las operaciones de mantenimiento, indispensables para conservar la Estación y asegurar su buen funcionamiento. El objetivo es hacer posible la vida humana en un entorno muy inhóspito: el vacío total, las temperaturas extremas, las radiaciones... y todo ello a 400 kilómetros sobre el planeta.

Avituallamiento
Este vehículo automático de avituallamiento nos trae materiales, equipos y víveres. Partirá cargado de muestras, resultados de nuestros experimentos científicos.

Compañero de viaje
El Cygnus NG-15 se apresta a partir con nuestros desechos. Lo capturamos y lo soltamos con el brazo robótico: la maniobra es muy delicada, dado que ambos vehículos vuelan a diez metros uno del otro, a una velocidad de 28 000 km/hora.

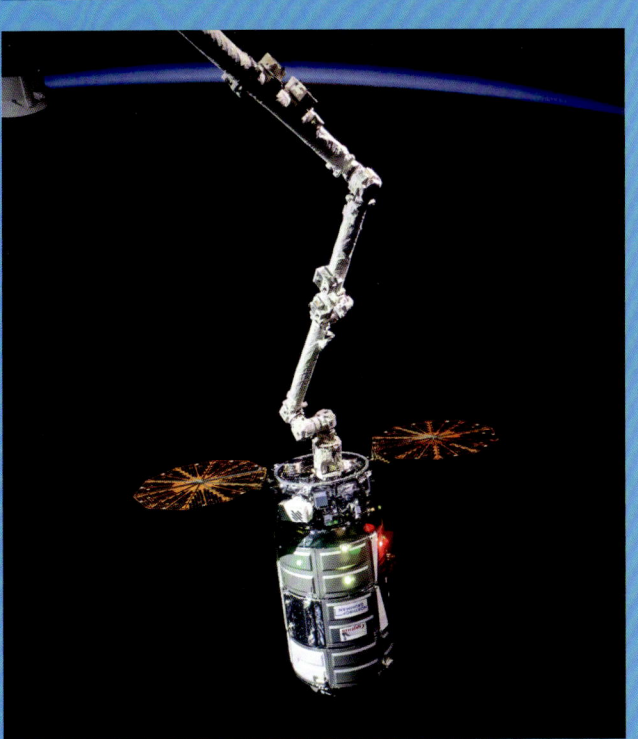

La gestión del agua a bordo

En la Tierra, el agua dulce es un bien raro y precioso; constituye solo el 3 por ciento del agua del planeta. ¡Hay que cuidarla! En la Estación es casi lo mismo, y el agua se recicla casi totalmente: el vapor de la respiración, de la transpiración, la orina, la humedad del aire. Todo se recupera, se limpia y se reenvía en un circuito cerrado.

La vida a bordo

¡La Cupola es un increíble puesto de observación! Es el lugar preferido de los astronautas, porque ir al espacio es, ante todo, encontrarse con la Tierra. Entonces nos damos cuenta de que estamos a gran altura, fuera de nuestra zona de confort, y sentimos una especie de estremecimiento antes de ser absorbidos poco a poco en la contemplación de lo que sucede fuera.

Comer...

La alimentación consta de conservas o productos deshidratados en bolsitas. Basta calentarlas o inyectarles un poco de agua. A veces, los grandes chefs tienen la gentileza de prepararnos platos que reservamos para ocasiones especiales. ¡Un verdadero festín!

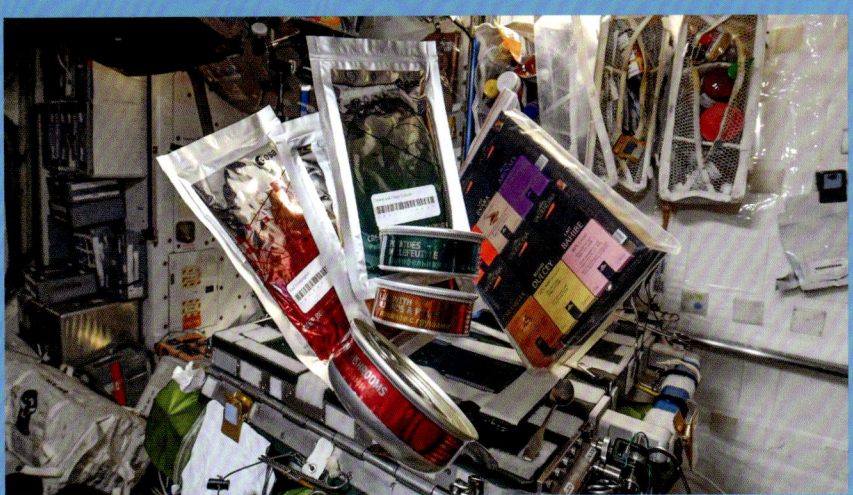

Dormir...

Los astronautas duermen flotando, en un saco de dormir con dos aberturas para los brazos. Este saco se fija a la pared para no golpearse durante el sueño. Puedo decir que es muy cómodo, ya que no se siente el peso del cuerpo. Se duerme como un bebé.

¡Y hacer deporte!

Dado que en la ingravidez los huesos y los músculos no tienen que soportar el peso del cuerpo, pierden densidad. ¡Por ello, es necesario conservar la forma física! En la Estación hay un gimnasio y los astronautas deben hacer deporte dos horas y media diarias.

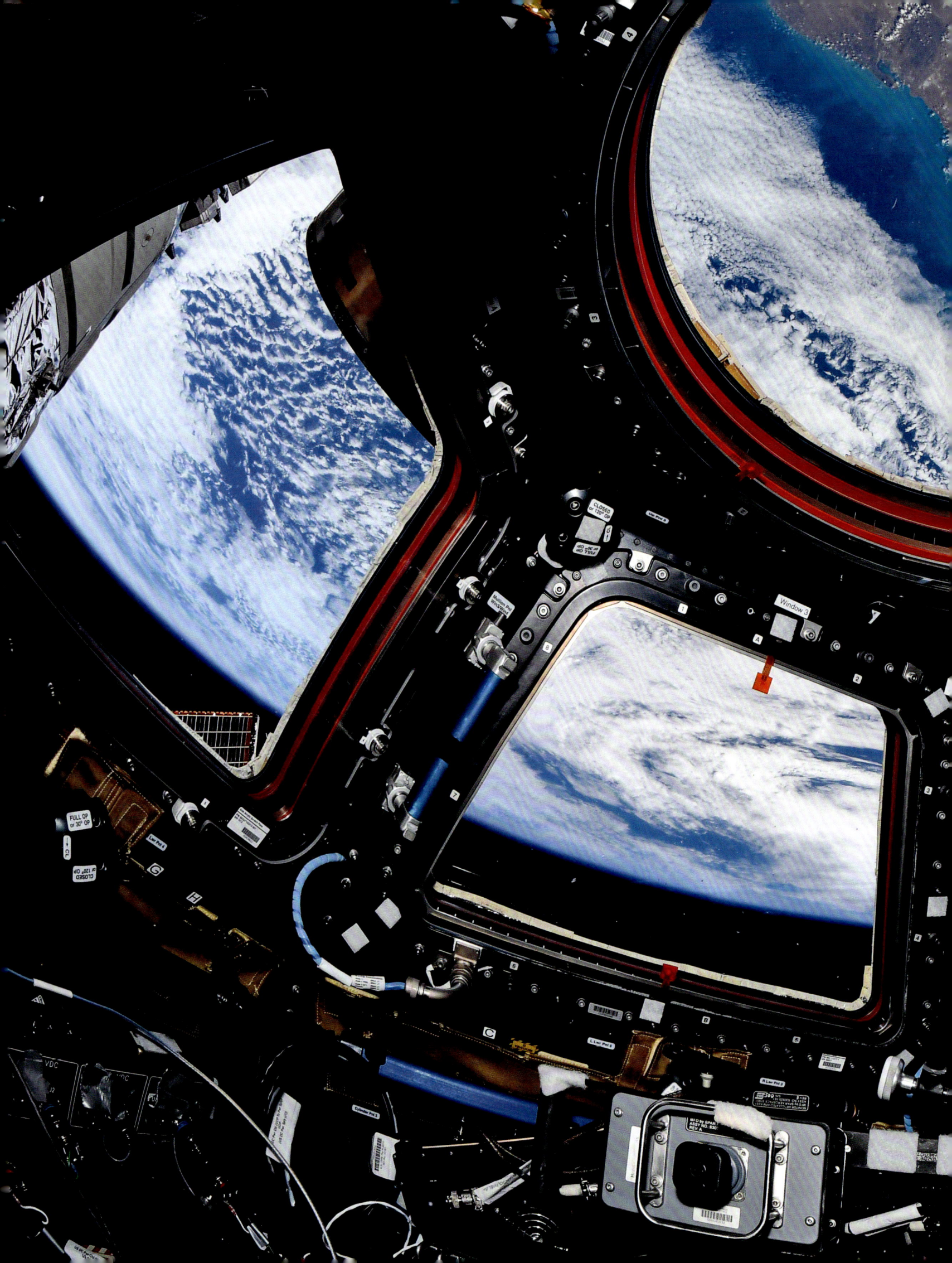

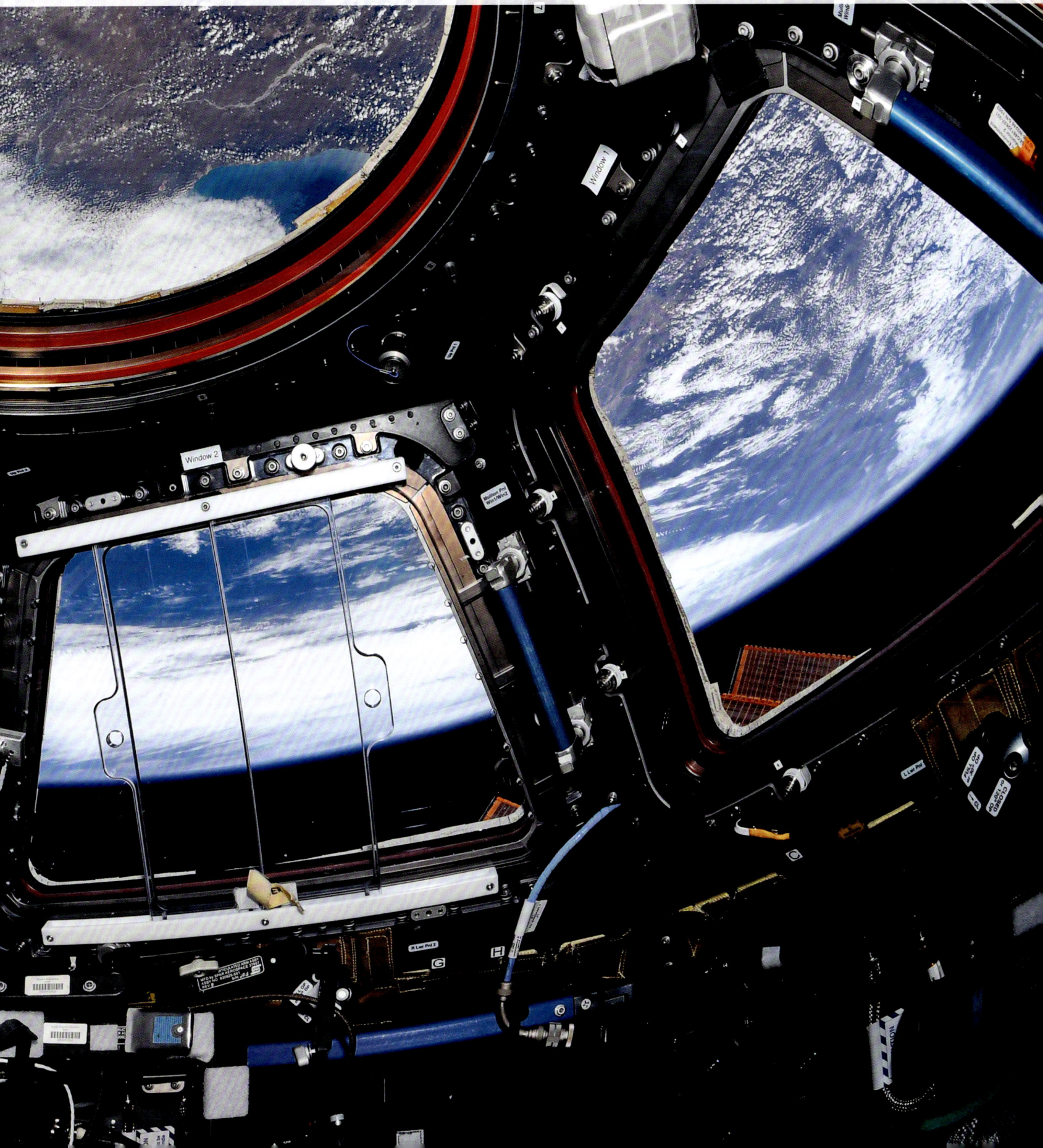

Una vuelta a la Tierra
en la Estación Espacial

Al amanecer

Nuestro viaje comienza al amanecer. En realidad, debería decir «a los amaneceres». El ballet de las albas y las puestas de Sol ofrece imágenes del planeta deslumbrantes, entretenidas, emotivas...

De día y de noche

La Estación da una vuelta a la Tierra en 90 minutos, ¡16 veces cada jornada de 24 horas! Ante los astronautas que se hallan a bordo se encadenan las fases de luz y oscuridad. En órbita a 400 km de la Tierra, las palabras «día» y «noche» adquieren un significado muy diferente. En una hora y media, todo el mundo desfila ante nuestros ojos.

La atmósfera

Envolvente y gaseosa, cuida de nuestro planeta y lo protege del vacío, de la negrura, de la nada espacial, de toda la hostilidad que lo rodea. A menudo la comparo con una burbuja de jabón para subrayar su fragilidad. La atmósfera filtra los rayos solares, mantiene una presión soportable, regula las diferencias de temperatura entre el día y la noche, y almacena el oxígeno que respiramos. Sin ella, la vida en la Tierra no existiría.

Matices de azul
En este degradado se muestran las diferentes capas de la atmósfera.

Salida del Sol en la Tierra

Los colores se calientan lentamente al principio y luego se produce el gran resplandor.

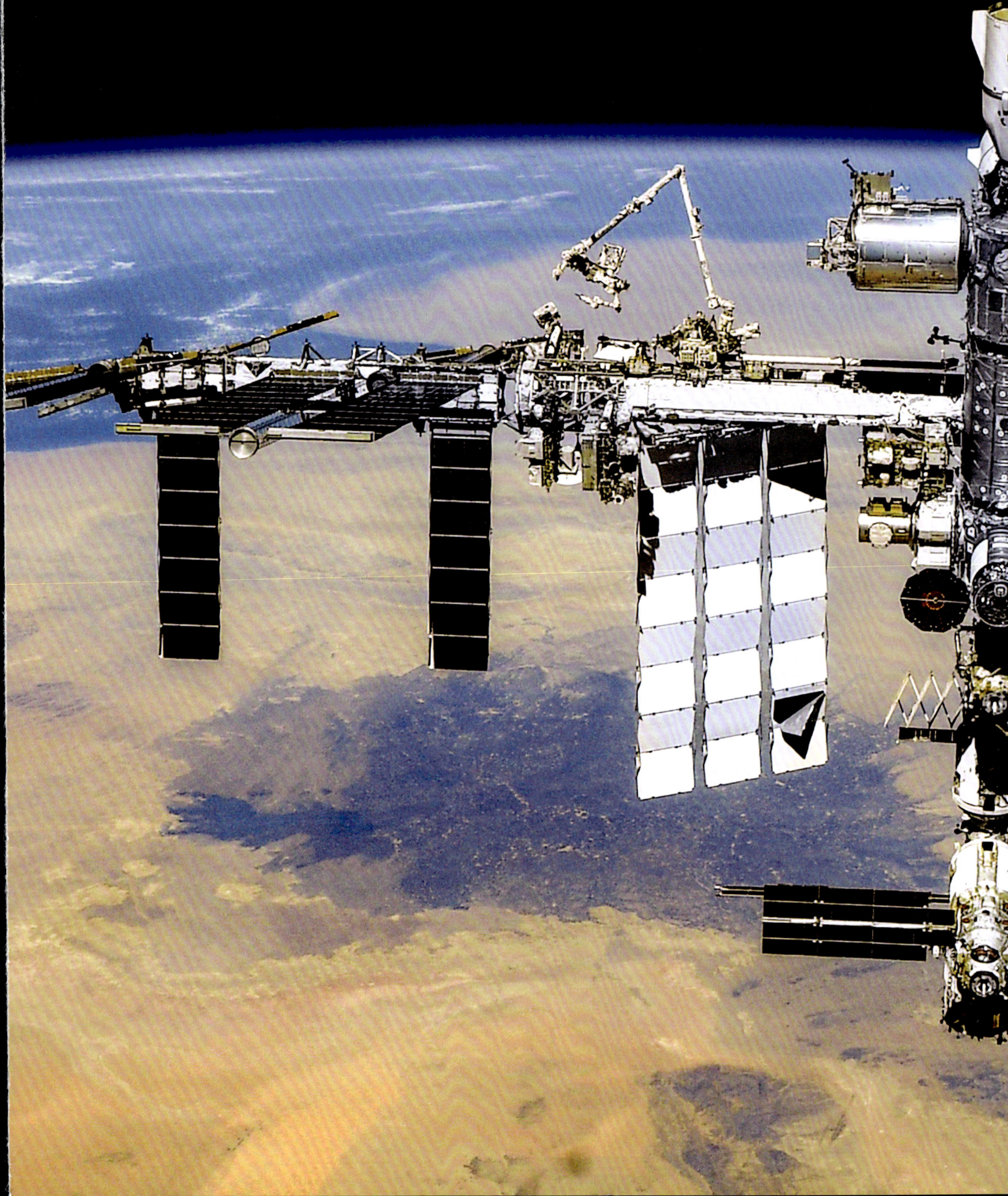

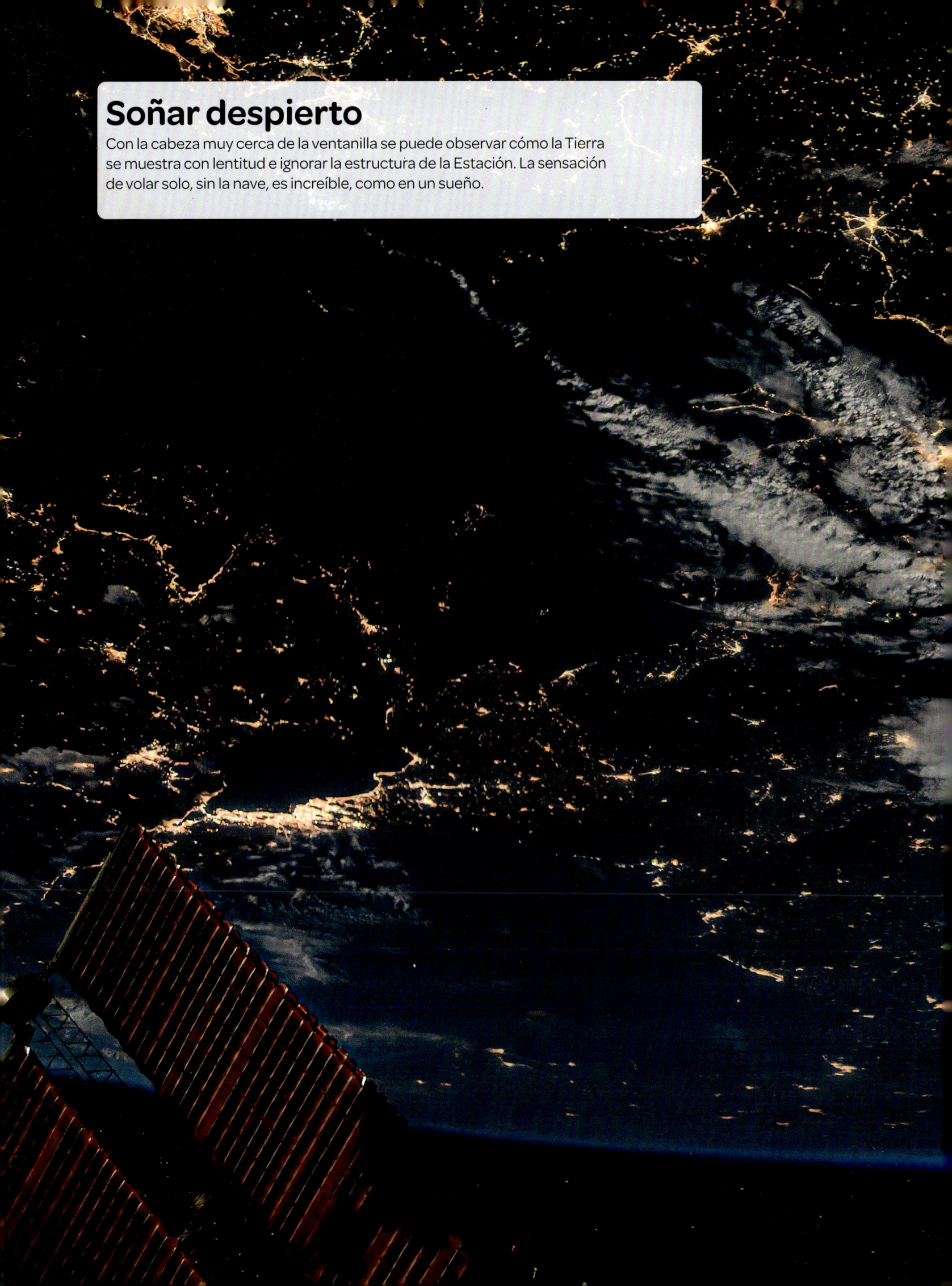

Soñar despierto

Con la cabeza muy cerca de la ventanilla se puede observar cómo la Tierra se muestra con lentitud e ignorar la estructura de la Estación. La sensación de volar solo, sin la nave, es increíble, como en un sueño.

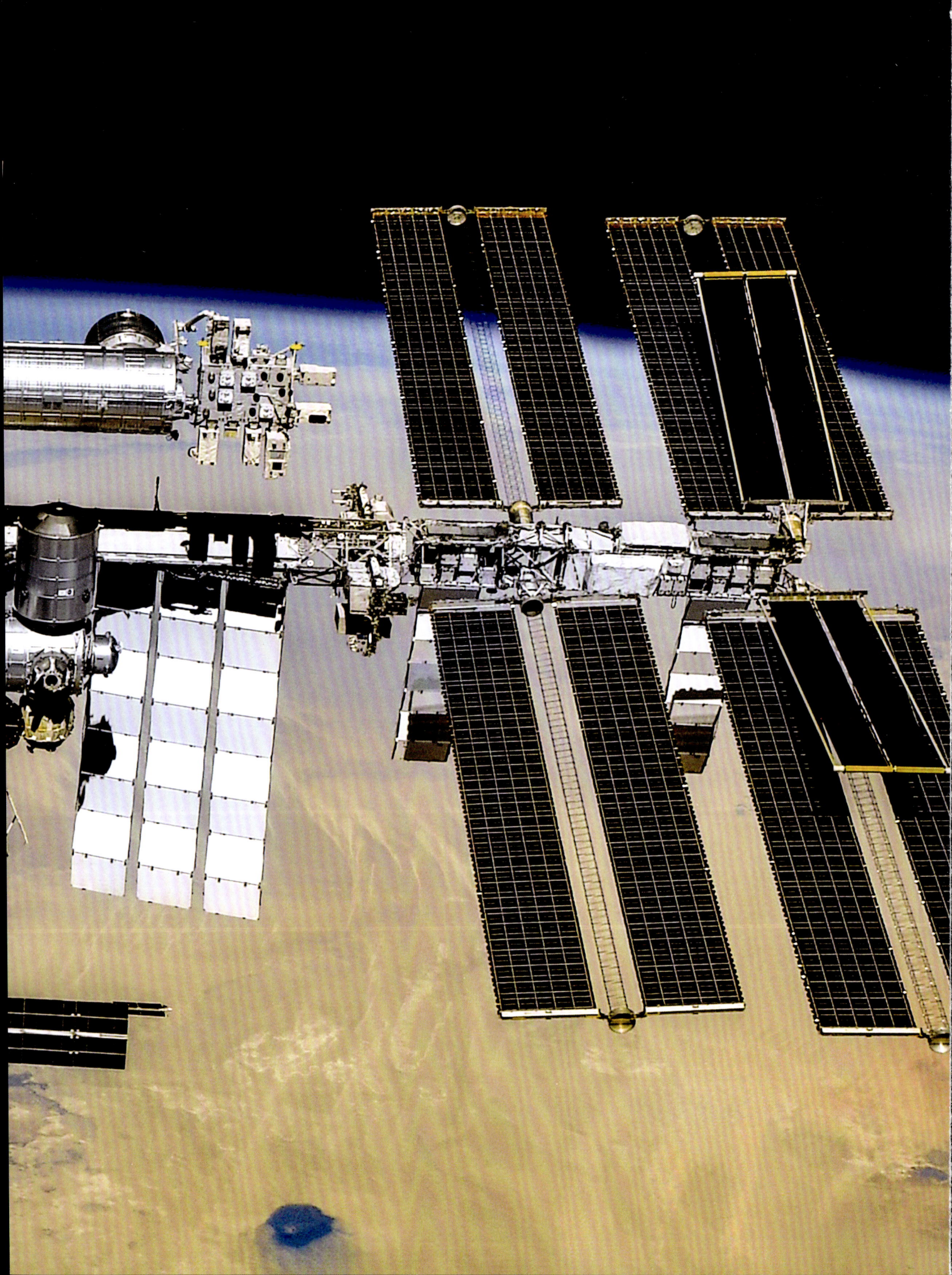

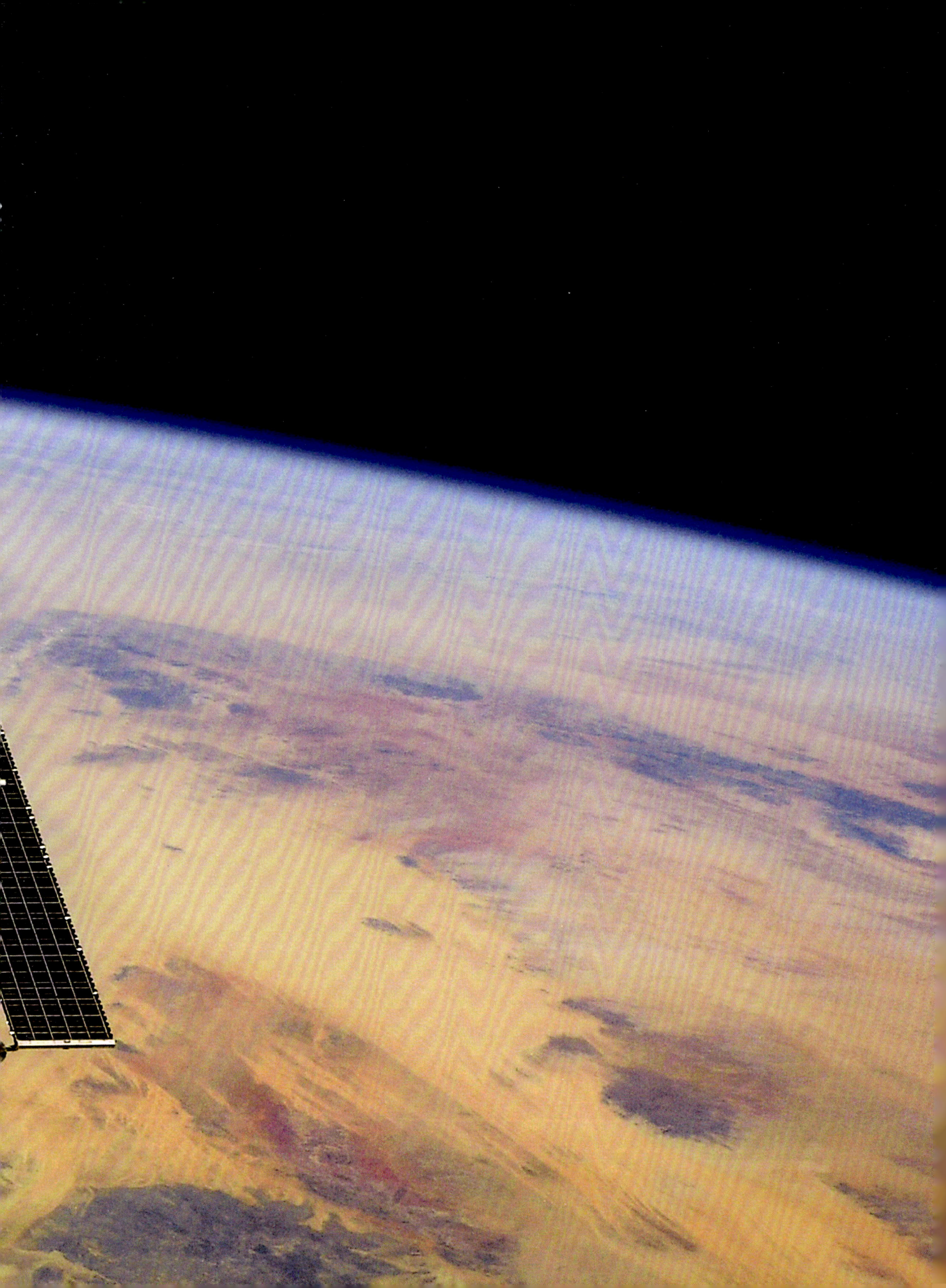

Un paseo espacial

El espacio es un medio hostil. Para todo lo que se encuentra en él, las radiaciones, el resplandor y las variaciones de temperatura son extremas: el exterior de mi traje espacial pasa de -150 °C a +150 °C en pocos minutos. La tensión y la sensación de nuestra fragilidad nunca son tan intensos como durante un paseo espacial, suspendido de la Estación sobre la Tierra. El riesgo está muy presente y cada gesto debe calcularse, ser eficaz y meticuloso. Durante mis misiones, he salido seis veces, con un total de unas 40 horas. Entre otras cosas, he cambiado las baterías y colocado los paneles solares de nueva generación, procurando siempre aprovechar esos momentos únicos.

¡Por la noche, estrellas a la vista!

Así se desarrolla nuestro viaje en una vuelta a la Tierra, con la cabeza en las estrellas en medio de la inmensidad del espacio.

Órdenes de magnitud

¡El Sol tiene una masa 300 000 veces la de la Tierra! Sin embargo, es solo una pequeña estrella comparada con ciertos gigantes de la Galaxia, que, por su parte, no puede rivalizar con otros sistemas estelares gigantes que se han observado mediante grandes telescopios, ¡a miles de años luz de distancia! Con estas magnitudes de vértigo, nos percatamos de nuestra pequeñez.

La urbanización y la densidad de población

Por la noche, muy visibles desde el espacio, las luces de las ciudades muestran la densidad de las poblaciones, las rutas y las redes de comunicación. Es algo hermoso e inquietante al mismo tiempo, ya que los lugares en la oscuridad suelen ser hostiles, pero los muy iluminados son causa indudable de un impacto excesivo sobre el entorno. Hacia 2050, casi el 70 por ciento de la humanidad vivirá en ciudades: el equilibrio es cada vez más frágil.

Punto de vista

Tomé esta fotografía desde una ventanilla lateral de la Estación, con una vista sin obstáculos del espacio y la Luna. Se observan los cráteres lunares y el mar de la Tranquilidad, parcialmente en la sombra, donde el ser humano dio sus primeros pasos en 1969, en el curso de la misión del Apolo 11.

Nueva York, una megalópolis

Primera etapa en América del Norte: ¡Nueva York, conocida como la Gran Manzana! Desde el espacio se puede constatar hasta qué punto está densamente poblada. Nueva York se cuenta entre las mayores ciudades del mundo, como Tokio o Ciudad de México. Además, se caracteriza por sus lugares emblemáticos como la Estatua de la Libertad, sus rascacielos y Central Park.

Isla de la Libertad
En esta pequeña isla deshabitada se alza la famosa la Estatua de la Libertad.

Un río en la ciudad
El Hudson serpentea por la ciudad y refleja la sombra de los edificios de Manhattan.

La contaminación lumínica
Nueva York nunca duerme. Aquí, como en muchas zonas urbanizadas, las luces artificiales de la ciudad hacen muy difícil la visión del cielo nocturno y las estrellas.

Zona Cero
Este monumento recuerda con emoción el lugar en el que se alzaban las torres gemelas del World Trade Center. En la actualidad, allí se eleva la torre Freedom, el rascacielos más alto de la ciudad.

Brooklyn
Nueva York está dividida en cinco barrios que reciben el nombre de *boroughs*: Brooklyn, Manhattan, Queens, Bronx y Staten Island.

América del Norte

Un oasis de verdor
Central Park, con 340 hectáreas de árboles, senderos y lagos entre los rascacielos, es ¡un pulmón verde para los neoyorquinos!

Los incendios en California

Detrás de este humo espeso que avanza sobre la llanura del norte de California, hacia San Francisco, se oculta un incendio inmenso.

Cortina de humo

Llamas en el Sequoia Park, captadas a través de un teleobjetivo. Observar tales fenómenos devastadores desde el espacio suscita sentimientos encontrados: se siente la impotencia, sin poder dejar de pensar en las poblaciones afectadas y en los profesionales que luchan sobre el terreno contra el fuego.

Incendios de grandes dimensiones

En ocasiones, como consecuencia de la sequía y el calor, los incendios se transforman en «macroincendios», muy difíciles de combatir. A menudo se deben a las actividades humanas y devastan regiones enteras de nuestro planeta, con sus animales, plantas y bosques. He podido observar las llamas desde el espacio a simple vista, y regiones enteras devoradas bajo el humo y las cenizas.

Las cataratas del Niágara

Estas cataratas, en la frontera entre Canadá y Estados Unidos, por su espectacularidad y caudal son las más importantes del mundo. Aquí se ven los rápidos de las gargantas.

Energía
Las cataratas están amenazadas por la erosión, el desgaste de la corteza terrestre por el agua. Por suerte, este fenómeno se ha frenado, en particular gracias a la creación de centrales hidroeléctricas, que han permitido desviar el creciente caudal de agua del río Niágara.

México, tierra de diversidad

Hay pocos países que, desde el espacio, ofrezcan paisajes tan dispares como México, donde las formas y colores se combinan en un mosaico de tierras agrícolas. Me hace pensar en los pimientos y los chiles. Con más de dos millones de kilómetros cuadrados, este gran país limita al oeste con el océano Pacífico y al este con el golfo de México.

Un país megadiverso

México forma parte de los países megadiversos: son menos de 20 y albergan el 70 por ciento de la biodiversidad del planeta. Su fauna y su flora son absolutamente fantásticas, ¡incluyen más de 100 000 especies diferentes!
Para velar por ellas se han implementado numerosas acciones gubernamentales, como los programas de reforestación y la creación de zonas protegidas.

Tempestades y huracanes

En esta fotografía se observa cómo el huracán Ida se dispone a golpear la costa del golfo de México. Desde la Estación he visto cómo nacían los huracanes en el Atlántico, alrededor del ecuador, y azotaban las costas caribeñas y norteamericanas. Forman parte del ecosistema terrestre y contribuyen a la regeneración natural de los bosques, pero su frecuencia y magnitud aumentan. En la actualidad disponemos de muchos conocimientos y herramientas para comprender y anticiparnos a estos fenómenos, pero si no luchamos para contrarrestar las causas del cambio climático, seguirán provocando cada vez más estragos.

En el ojo
El ojo de un ciclón es una zona de calma total de unos 30 a 60 kilómetros de diámetro, pero está rodeada de un espeso muro de cumulonimbos tormentosos y de violentos vientos. ¡Es preferible no quedar atrapado allí!

Libélula
La nave Soyuz (MS-19) atracada en la Estación. Se pueden ver los paneles solares. El viaje en mi primera misión lo hice a bordo de uno de estos módulos.

Crema batida

El huracán Ida se parece a la crema batida. Casi olvidamos que, a lo largo del muro de tormentas que rodea este ojo, se forman formidables pequeños torbellinos de poderosos vientos de los que nacerán los tornados.

Nubes terrestres y extraterrestres

Según las informaciones procedentes del satélite Aqua de la NASA, lo normal es que dos tercios de nuestro planeta se encuentren bajo las nubes. Estas nubes son de agua. En Saturno o Júpiter son de amoniaco, y en Venus, de ácido sulfúrico y dióxido de azufre. ¡Casi no lo puedo imaginar! Domina mi mente la imagen esponjosa y pacífica de nuestras nubes terrestres. A través de la ventana de la Estación, no nos cansamos de admirar su poético desfile aéreo.

Un lago helado en Canadá

Los enormes bloques de hielo que flotan en este lago helado asemejan nubes. ¡Divirtámonos buscando sus formas! La zona parece tranquila, pero cobrará vida en los días soleados, cuando las aves migratorias regresen para refugiarse allí.

La selva amazónica

Desde la Estación destaca la selva amazónica, como un mar de árboles oscuros salpicados de nubes. Pero si ampliamos la imagen, podemos ver claramente los profundos cortes, que discurren a lo largo de los cursos de agua y de las carreteras, testigos de la intervención masiva del ser humano.

América del Sur

La deforestación

Aunque la deforestación puede tener causas naturales como los incendios debidos a los rayos o las enfermedades de las plantas, la mayor parte se debe a la intervención humana.

En 50 años ha desaparecido el 20 por ciento de la selva amazónica. Cuando se talan los árboles, se amenaza la vida de mamíferos, aves e insectos. ¡Podrían desparecer muchas especies! Afortunadamente, la lucha contra la deforestación se ha convertido en un reto mundial. En la Conferencia de las Naciones Unidas sobre el Cambio Climático COP26 en 2021, más de 100 países se comprometieron a detener la deforestación antes de 2030.

COP son las siglas de «Conferencias de las Partes». Desde 1995, se han organizado grandes reuniones internacionales para frenar el desajuste climático.

Salvador de Bahía

Pongamos rumbo a Brasil, a Salvador de Bahía, la metrópoli más grande del nordeste del país. Construida sobre una península, la ciudad discurre a lo largo de la bahía de Todos los Santos, que se abre al océano Atlántico.

Ciudad de fútbol
El cliché subraya perfectamente la pasión nacional de Brasil: el círculo blanco que destaca es con seguridad un estadio de fútbol, el de Fonte Nova.

Canouan, en el archipiélago de las Granadinas

Esta isla al sur de las Antillas forma parte de San Vicente y las Granadinas, que, a su vez, es miembro del grupo de los Pequeños Estados Insulares en Desarrollo (PEID). Producen solo el 1 por ciento de las emisiones de CO_2, pero están en los primeros lugares del recalentamiento climático, amenazadas por la subida del nivel del mar y los fenómenos meteorológicos extremos.

El glaciar Upsala en Argentina

Los glaciares constituyen espectáculos majestuosos, con sus lentas olas de hielo que desembocan en aguas heladas. Desde el espacio es evidente su retroceso, y los satélites de observación permiten confirmar este cambio climático. Gracias a ellos se ha constatado que este glaciar ha retrocedido 9 kilómetros desde 1985.

La fusión de los hielos

Los glaciares constituyen los mayores depósitos de agua dulce de nuestro planeta. En los polos, los hielos se funden con el paso de los años; los de las montañas retroceden y su extensión se reduce cada vez más. Esta evolución es uno de los mejores recordatorios de nuestro impacto sobre el entorno. La fusión de los hielos provoca la subida del nivel de los mares y océanos.

Las líneas de Nazca en Perú

Tuve que esperar varios meses antes de poder fotografiar las misteriosas líneas de Nazca. Desde el espacio no son accesibles a simple vista, pero me dieron las indicaciones necesarias para apuntar en la dirección correcta.

Observemos estas grandes líneas: si fuera posible ampliar aún más esta fotografía, se podrían ver una araña, un colibrí y muchos otros motivos.

Los geoglifos

Son grandes figuras trazadas en el desierto a lo largo de muchos kilómetros que abarcan desde simples líneas a complejas figuras zoomorfas, fitomorfas y geométricas. Trazadas hace más de dos mil años, se han conservado gracias al clima extremadamente seco. La arqueóloga María Reiche, que dedicó gran parte de su vida al estudio de estas líneas, afirmó que habrían servido como calendario solar.

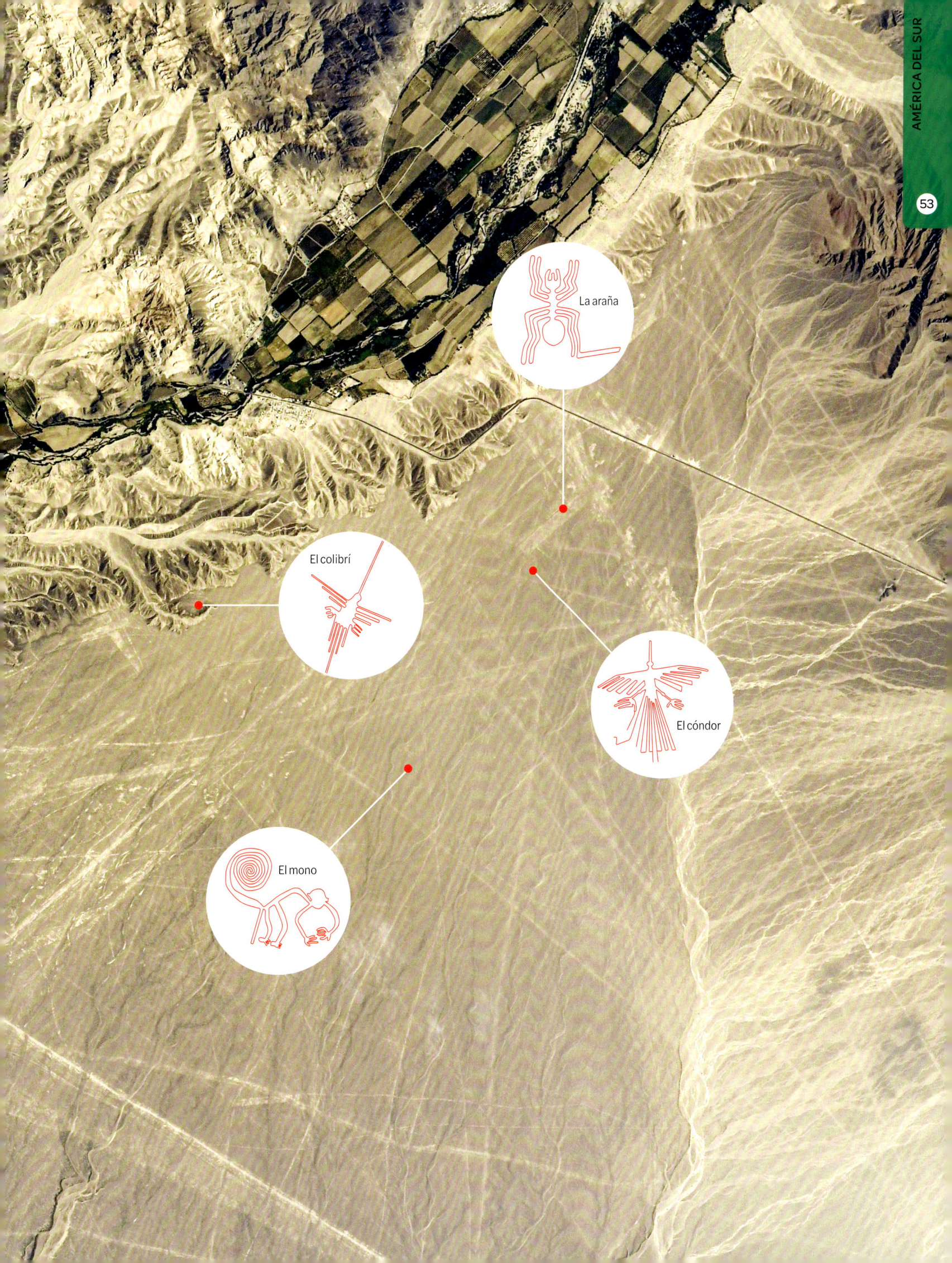

La araña

El colibrí

El cóndor

El mono

Las minas de litio de Bolivia

Estas minas de litio, encaramadas en la cordillera de los Andes, con los múltiples tonos de verde en su cuadrícula, constituyen un hermoso espectáculo visual. Esta cuenca de extracción se halla en medio del desierto de sal más grande del mundo, el Salar de Uyuni, ubicado a una altitud de más de 3650 metros.

El Salar de Uyuni
Hace 490 000 años era una gran extensión de agua salada, un lago prehistórico que se fue desecando hasta formar este gran altiplano.

Grandes planos

Me encanta hacer zoom sobre las salinas con diferentes aumentos para darme cuenta de la inmensa superficie que representan.

El Cairo y sus pirámides

¡Rumbo a África! Aquí, junto al Nilo, se halla El Cairo, la capital de Egipto. Es la ciudad más grande del país y una atracción turística mundial, la tierra de los faraones.

Guiza

Justo frente a las puertas de la ciudad se alzan las pirámides de Guiza. Se divisan con facilidad desde el espacio. ¡Egipto es muy fotogénico!

África

Las dunas del Sáhara

Como paisaje natural, las dunas dan vértigo. Pueden llegar a extenderse cientos de kilómetros. Hay dunas gigantes que alcanzan más de 400 metros de altura, como grandes rascacielos. Se forman en las grandes extensiones de arena seca, que se levantan y desplazan a causa del viento.

La sequía

Cuando se sobrevuelan las dunas y los desiertos, no se puede dejar de pensar en la sequía y el calentamiento global. Desde finales del siglo XIX, la temperatura media de la superficie terrestre ha aumentado 1 grado, lo que ha modificado los equilibrios meteorológicos y los ecosistemas.

Las cataratas Victoria

Con una cortina de agua de 1700 metros, la mayor del mundo, las cataratas Victoria forman parte del Patrimonio Mundial de la Unesco.

Fuente de agua
La fuerza de las cataratas crea remolinos en el río Zambeze. Esta fotografía se tomó en otoño, pero el caudal máximo en abril-mayo es incluso más impresionante.

Fuente de energía eléctrica

Las cataratas Victoria, en África austral, están situadas en el río Zambeze, que marca la frontera entre Zambia y Zimbabue. Los dos países dependen de la presa hidroeléctrica de Kariba construida sobre este río. Cuando, con la sequía, disminuye el caudal, provoca numerosos cortes en el suministro eléctrico.

Madagascar

Esta isla, separada del continente africano por el canal de Mozambique, es una de las más grandes del mundo. En sus proximidades se hallan otras islas muy conocidas: Reunión, Mauricio, Comoras y Seychelles.

Estuario del Sambao
En este golfo, ancho y profundo, la planicie malgache se encuentra con el océano Índico. Podemos ver con claridad el color rojo de las aguas de escorrentía del río Sambao, que atestiguan la fuerte erosión debida a la deforestación, en las tierras aguas arriba.

Los manglares en Tanzania

Tanzania, en África oriental, es un país costero del océano Índico. Posee grandes manglares, bosques que se interponen entre la tierra y el mar. Los manglares concentran una gran biodiversidad y recursos para las poblaciones locales.

Delta
Está formado por los depósitos aluviales en la desembocadura de un río que se divide en varios brazos. Vista desde el espacio, toda la costa brilla cuando los rayos solares inciden sobre ella.

Una función vital
Los manglares desempeñan un papel fundamental en el ecosistema. Como amortiguadores, protegen las costas de la erosión y poseen una extraordinaria capacidad de descontaminación.

Dakar, África occidental

Claramente visible desde el espacio, Dakar, la capital de Senegal, es fácil de detectar. Está situada en una península rodeada por el océano Atlántico, en la punta oeste de África. Es un lugar de paso entre el continente africano y Occidente.

La urbanización

Esta joya del litoral africano se enfrenta en la actualidad a una urbanización ultrarrápida: en 1970 contaba con 400 000 habitantes que, en la actualidad, son ya más de cuatro millones. Afronta un inmenso desafío ambiental: conjugar su dinamismo económico con la protección de una flora y una fauna frágiles y únicas.

Artes gráficas

¡No hay nada menos monótono que un desierto! Con cada zoom se manifiesta un nuevo universo. Estas formas del Sáhara parecen arte contemporáneo.

Nubes de arena

Esta tempestad de arena es impresionante. Me pregunto cuántas toneladas de arena ha podido desplazar y a qué distancia. ¡En ocasiones, hasta miles de kilómetros!

Las tempestades de arena

Se producen tanto en los desiertos fríos como en los calientes. Este fenómeno es, en realidad, algo más complejo de lo que parece. Por una parte, porque las tempestades de arena son, a veces, de polvo, cuando los vientos violentos arrastran la tierra de los suelos resecos. Por la otra, porque estos vientos no transportan el polvo o la arena con la misma potencia ni a la misma distancia.

Venecia, un escenario europeo

Nos dirigimos al norte, a Europa, para hacer escala en una ciudad única: ¡Venecia! La ciudad italiana flotante alberga infinitas maravillas: su laguna, sus palacios sobre pilotes, su ballet de góndolas. Su trazado, reconocible desde el espacio, ofrece una vista cambiante según los reflejos de la luz en el agua.

Rialto
El puente de Rialto, tan famoso como visitado, cruza con elegancia el Gran Canal.

La plaza de San Marcos
A orillas del Gran Canal, la basílica de San Marcos domina tanto el Palacio Ducal como el Campanile. La plaza, corazón de la ciudad, entusiasma a muchos de sus visitantes.

Europa

Acqua alta

Acqua alta es el nombre con el que se conocen los picos de la marea alta entre otoño y primavera, que sumergen a veces algunas partes bajas de la ciudad, como la plaza de San Marcos.

El Lido

El Lido se extiende entre la laguna y el Adriático. Un viaje en un *vaporetto*, una embarcación de transporte público de Venecia, lleva a esta franja costera.

Los invernaderos en España

En el sur del país, en la provincia de Almería, se puede ver un paisaje único en el mundo: la totalidad de la superficie está cubierta de invernaderos, en los que se cultivan durante todo el año gran parte de las frutas y verduras de los supermercados europeos. Brillan al sol, vistos desde el espacio.

La agricultura intensiva

Dado que la población mundial no deja de crecer, cada vez es mayor la necesidad de alimentos. Por desgracia, el uso de fertilizantes, pesticidas y el empleo de grandes máquinas agrícolas dañan la naturaleza. Son causa de la contaminación de las aguas y los suelos, el deterioro de los hábitats naturales de los animales y de la desaparición de algunas especies. Es imperativo encontrar modos de producción de alimentos más respetuosos con el medio ambiente.

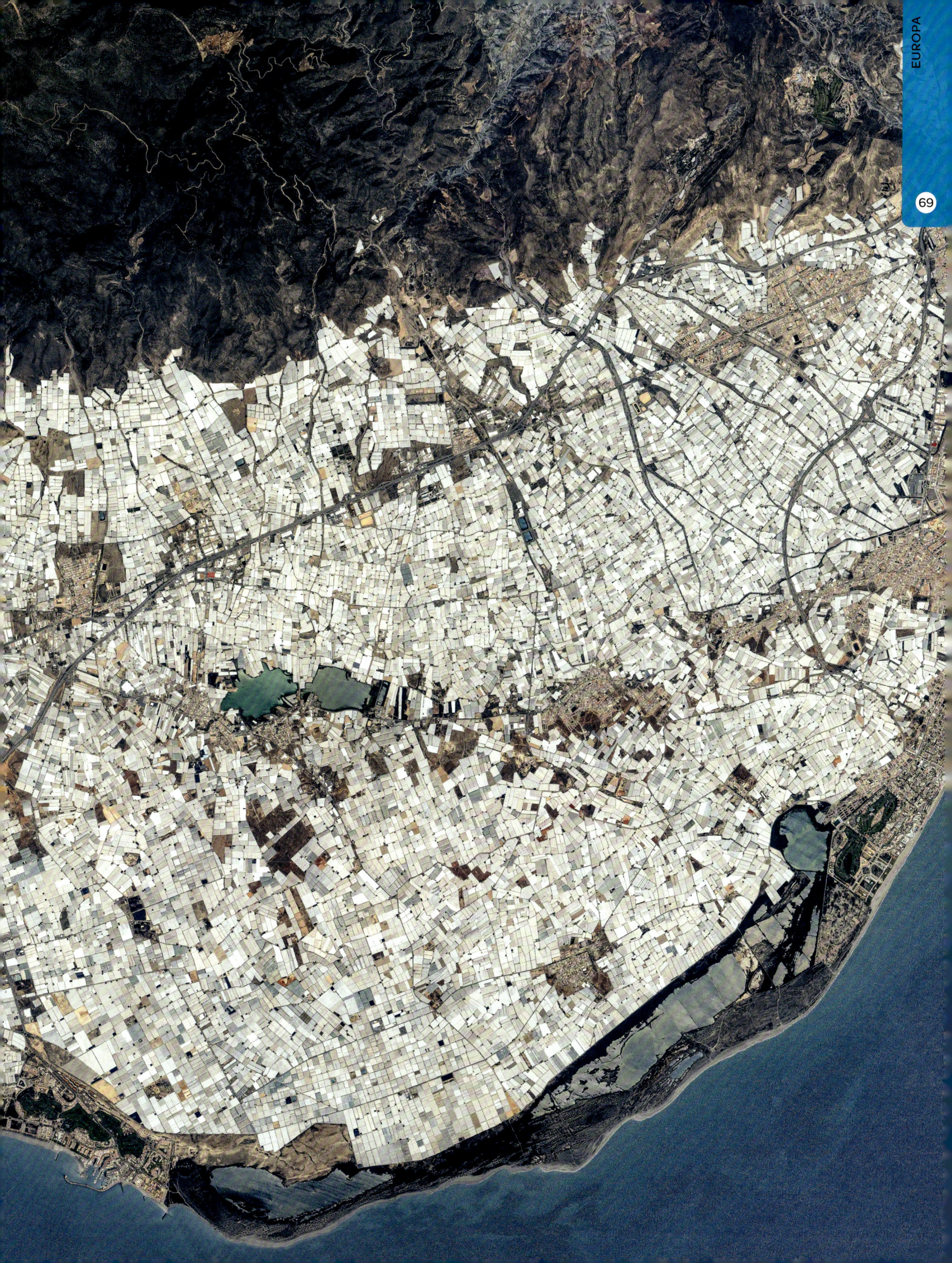

El lago Balatón en Hungría

Es uno de los lagos de agua dulce más grandes de Europa central. Con 80 kilómetros de longitud, es muy poco profundo, pero esto es algo que no se aprecia desde la Estación. Sin embargo, se reconoce al instante por su forma característica y, sobre todo, por su color entre menta y azul turquesa.

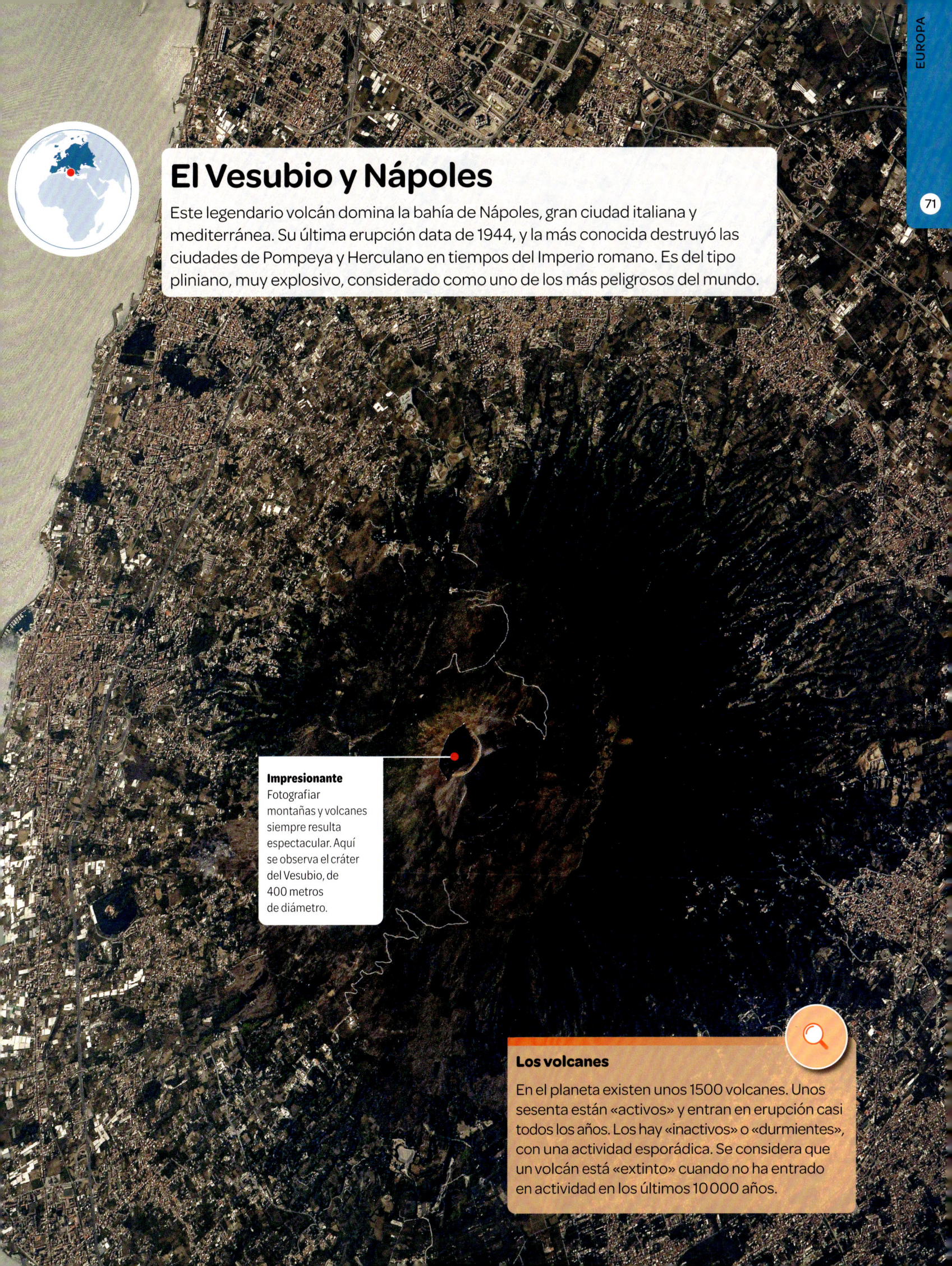

El Vesubio y Nápoles

Este legendario volcán domina la bahía de Nápoles, gran ciudad italiana y mediterránea. Su última erupción data de 1944, y la más conocida destruyó las ciudades de Pompeya y Herculano en tiempos del Imperio romano. Es del tipo pliniano, muy explosivo, considerado como uno de los más peligrosos del mundo.

Impresionante
Fotografiar montañas y volcanes siempre resulta espectacular. Aquí se observa el cráter del Vesubio, de 400 metros de diámetro.

Los volcanes

En el planeta existen unos 1500 volcanes. Unos sesenta están «activos» y entran en erupción casi todos los años. Los hay «inactivos» o «durmientes», con una actividad esporádica. Se considera que un volcán está «extinto» cuando no ha entrado en actividad en los últimos 10 000 años.

Francia desde el espacio

En esta fotografía se puede ver casi toda Francia mientras pasamos sobre el mar Mediterráneo. ¡Reconozco su forma hexagonal!

Córcega

Las nubes parecen concentrarse sobre la isla, como en un mapa meteorológico.

Ultramar

Se dice que Francia se parece a un hexágono, pero, en realidad, es un archipiélago. Es el único país del mundo que está presente en tres océanos, gracias a sus departamentos y sus territorios de ultramar, doce en total. Los he buscado a menudo en el vuelo alrededor del planeta: desde la isla de la Reunión y su volcán activo, el Piton de la Fournaise, a Guadalupe, que parece una mariposa en vuelo sobre el Atlántico, pasando por la Guayana y su selva impenetrable, y la península de la Caravelle en Martinica, con su forma de caballito de mar. El territorio francés es increíble y hay trocitos en todas partes, como aquí, en Maupiti, en la Polinesia.

París

¡En el espacio no es posible ir a tomar un café a una terraza o compartir un restaurante con los amigos! Hay un consuelo: fotografiar la «Ciudad de la Luz» de noche, e imaginar a la gente paseando por sus calles. En el sur se distingue claramente el aeropuerto de Orly, ineludible nudo de transporte francés.

Estrecho de Gibraltar
El océano Atlántico y el mar Mediterráneo se comunican por este estrecho brazo de mar.

Gibraltar

Este estrecho es una frontera doble: por una parte, entre Europa y África, y por otra, entre el Mediterráneo y el Atlántico. Hay algo de poético en el modo en que España y Marruecos quieren tocarse con las puntas de los dedos. ¿No recuerda en cierto modo la escena de la capilla Sixtina pintada por Miguel Ángel?

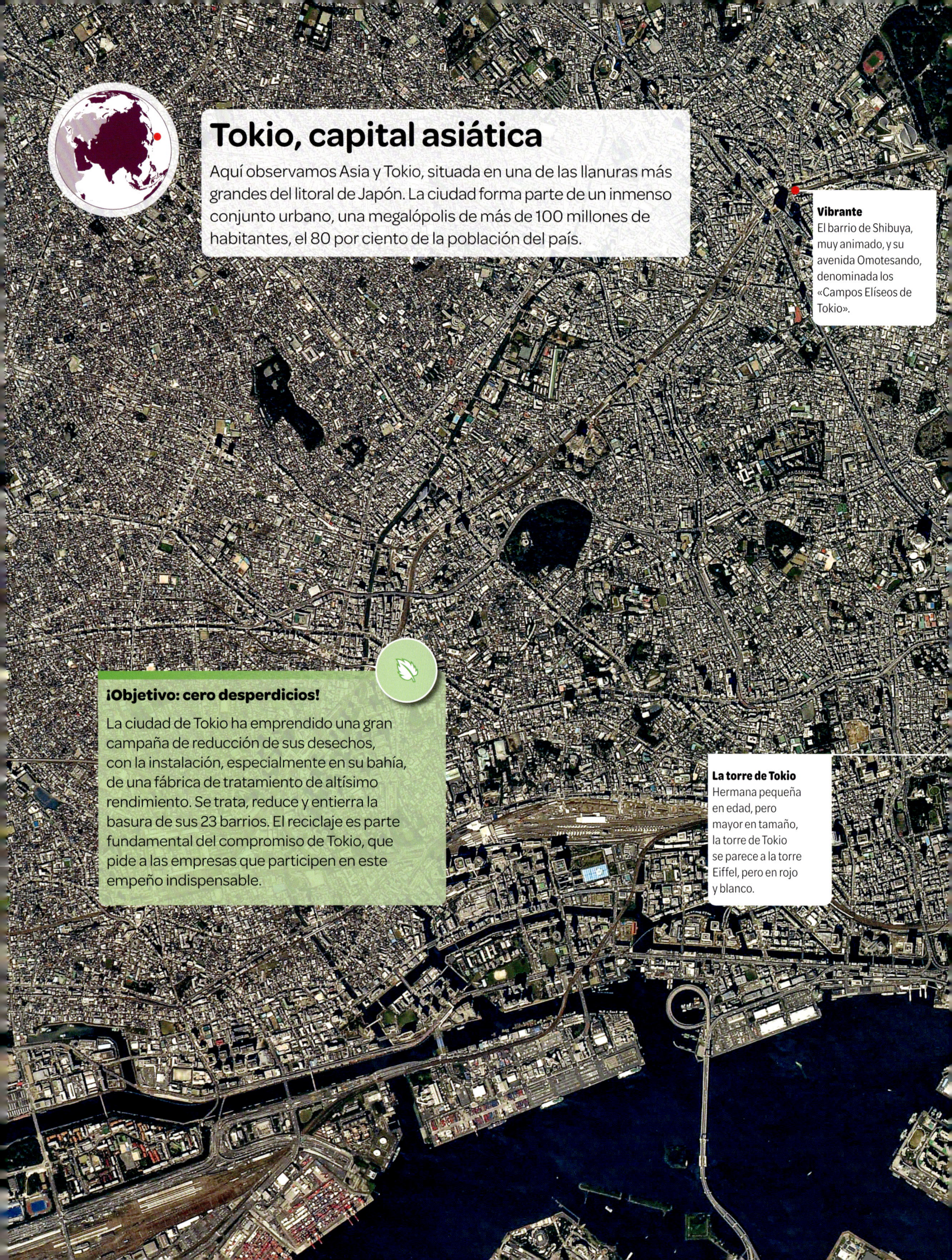

Tokio, capital asiática

Aquí observamos Asia y Tokio, situada en una de las llanuras más grandes del litoral de Japón. La ciudad forma parte de un inmenso conjunto urbano, una megalópolis de más de 100 millones de habitantes, el 80 por ciento de la población del país.

Vibrante
El barrio de Shibuya, muy animado, y su avenida Omotesando, denominada los «Campos Elíseos de Tokio».

¡Objetivo: cero desperdicios!

La ciudad de Tokio ha emprendido una gran campaña de reducción de sus desechos, con la instalación, especialmente en su bahía, de una fábrica de tratamiento de altísimo rendimiento. Se trata, reduce y entierra la basura de sus 23 barrios. El reciclaje es parte fundamental del compromiso de Tokio, que pide a las empresas que participen en este empeño indispensable.

La torre de Tokio
Hermana pequeña en edad, pero mayor en tamaño, la torre de Tokio se parece a la torre Eiffel, pero en rojo y blanco.

Asia

Juegos Olímpicos
El Estadio Nacional
en el barrio de Shinjuku
albergó los Juegos
Olímpicos de verano
de Tokio en 2021.

El Palacio Imperial
Residencia
del emperador de
Japón en el barrio
de Chiyoda.

Festival
El parque Ueno,
muy conocido por su
festival de los cerezos
en flor en primavera,
es encantador.
Lo descubrí con ocasión
de mi preparación
en Japón.

Everest, techo del mundo

¡La majestad del monte Everest, en el centro de la fotografía!
Es uno de los más difíciles de detectar desde el espacio ante la
inmensidad del Himalaya. ¿Qué se parece más a una cima que
la cima vecina? Desde lo alto, todas parecen muy pequeñas.

Los catorce ochomiles

En el mundo hay catorce montañas de más de
8000 metros de altura. Diez de ellas, entre las
que se encuentra el Everest, están en el Himalaya,
y hubo que esperar hasta 1960 para que fueran
conquistadas por los alpinistas. Entre los españoles,
el vitoriano Juanito Oiarzabal ha sido el primero en
completar los catorce ochomiles y el sexto en el
mundo; la guipuzcoana Edurne Pasaban ha sido
la primera mujer de la historia en lograrlo.

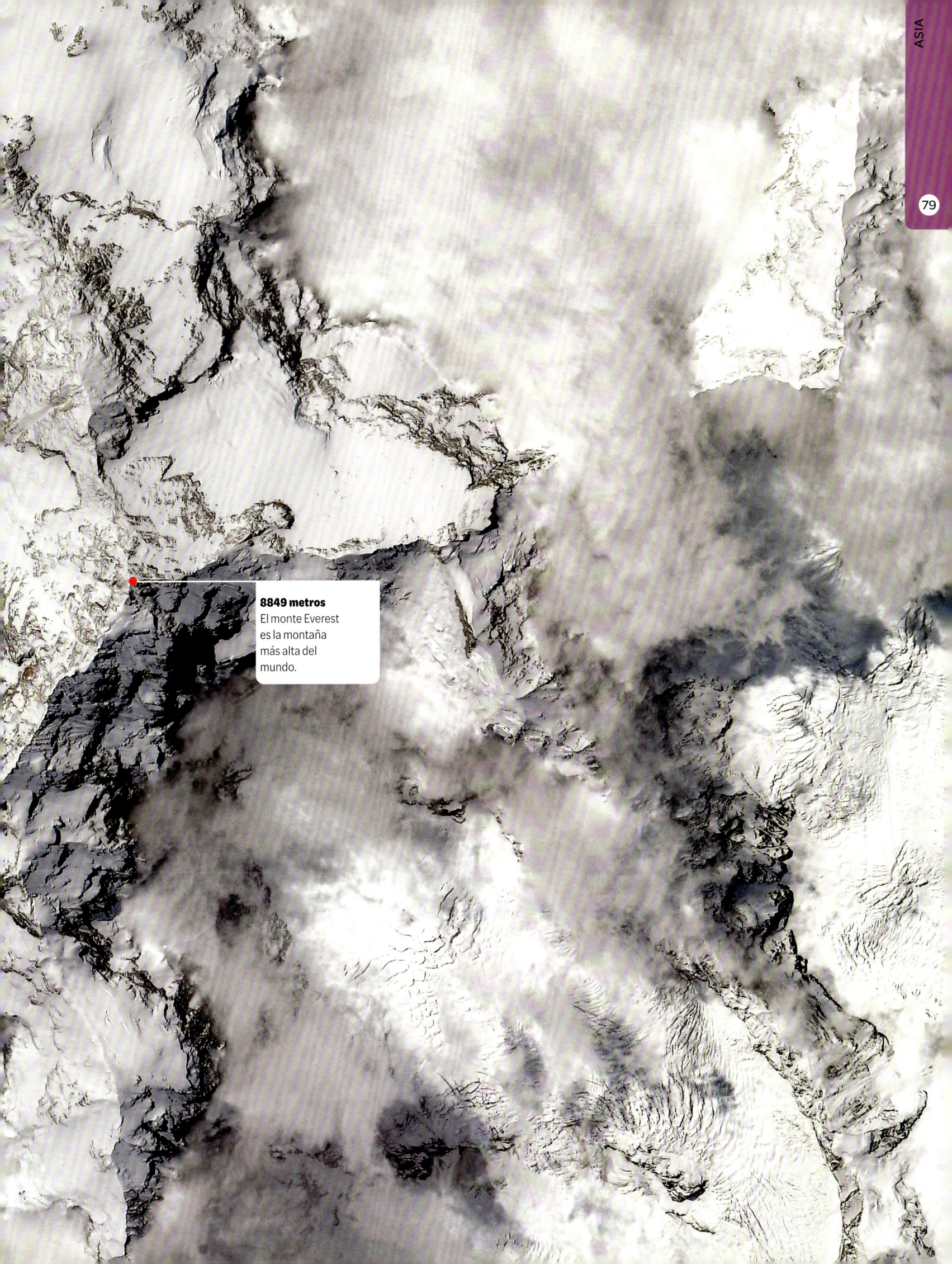

8849 metros
El monte Everest
es la montaña
más alta del
mundo.

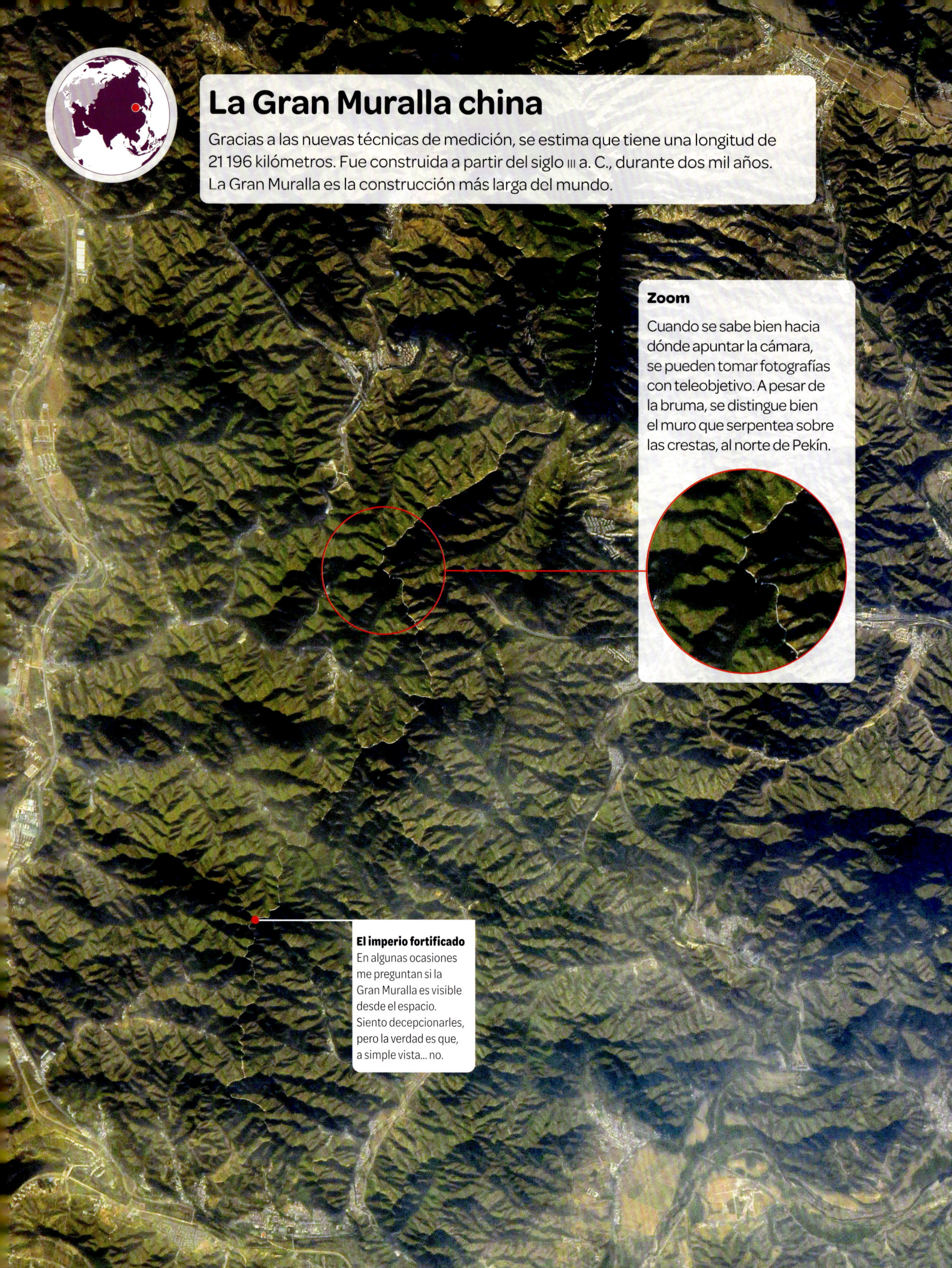

La Gran Muralla china

Gracias a las nuevas técnicas de medición, se estima que tiene una longitud de 21 196 kilómetros. Fue construida a partir del siglo III a. C., durante dos mil años. La Gran Muralla es la construcción más larga del mundo.

Zoom

Cuando se sabe bien hacia dónde apuntar la cámara, se pueden tomar fotografías con teleobjetivo. A pesar de la bruma, se distingue bien el muro que serpentea sobre las crestas, al norte de Pekín.

El imperio fortificado
En algunas ocasiones me preguntan si la Gran Muralla es visible desde el espacio. Siento decepcionarles, pero la verdad es que, a simple vista... no.

Tren
Me han llamado la atención estas formas y extraños colores en pleno desierto de Gobi. De hecho, se trata de la ciudad fronteriza de Eren Hot, entre China y Mongolia. Es notable la vía férrea que la atraviesa, la mítica del ferrocarril transmongoliano, que une las ciudades de Ulan-Ude en Rusia y Pekín en China.

El desierto de Gobi

Está situado entre China y Mongolia. De una extensión de dos veces y media la superficie de España, es uno de los desiertos más grandes del mundo.

Las montañas de Mongolia

En Asia, el inmenso territorio de Mongolia se extiende entre Rusia y China. En las llanuras, los mongoles son nómadas que atraviesan su magnífico e inmenso país a caballo, como lo hacían sus antepasados, hace ya miles de años.

Las nieves eternas

En algunas cimas a gran altura, la capa de nieve no se funde jamás, ni durante las estaciones cálidas. La nieve se acumula y sus capas se compactan hasta formar glaciares.

Una presa en Irán

Me encantó el lago de la presa de Karje por sus tonos de azul y su contraste con la tierra árida. Este color parece rendir homenaje a una gran tradición iraní que se remonta a más de dos mil años: la producción de turquesas, piedras preciosas.

El acceso al agua

Con el almacenamiento y la regulación del caudal del río, la presa desempeña un papel fundamental: irrigación, suministro de agua potable, producción de energía...

Aquí se observa la presa y su central hidroeléctrica.

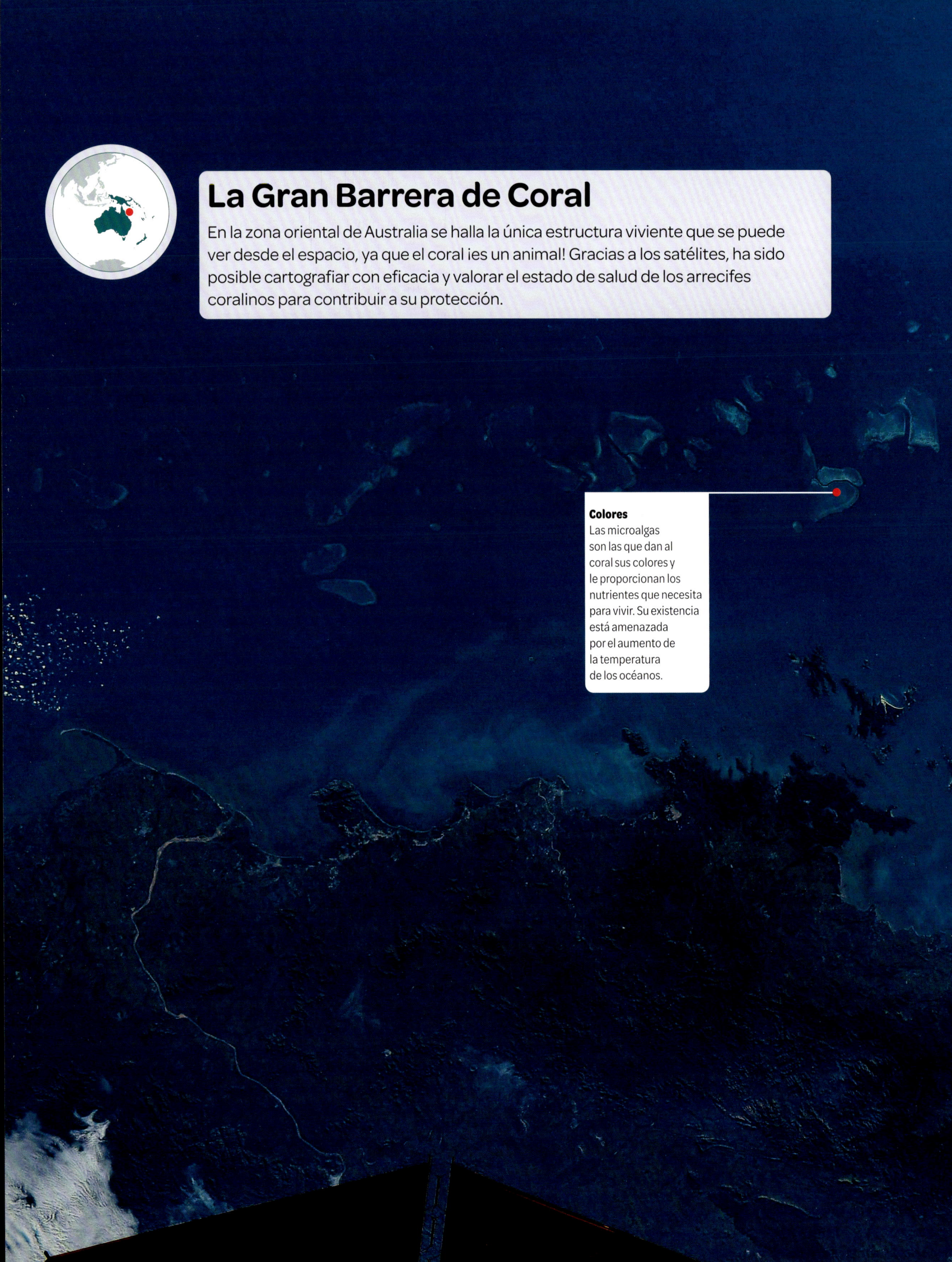

La Gran Barrera de Coral

En la zona oriental de Australia se halla la única estructura viviente que se puede ver desde el espacio, ya que el coral ¡es un animal! Gracias a los satélites, ha sido posible cartografiar con eficacia y valorar el estado de salud de los arrecifes coralinos para contribuir a su protección.

Colores
Las microalgas son las que dan al coral sus colores y le proporcionan los nutrientes que necesita para vivir. Su existencia está amenazada por el aumento de la temperatura de los océanos.

Oceanía

Los mares y los océanos

Resulta sorprendente que nuestro planeta azul haya sido bautizado Tierra, cuando, en realidad, el 71 por ciento de su superficie es de agua. Los humanos viven en simbiosis con los mares y los océanos, que desempeñan el papel de enfriador cuando la atmósfera absorbe demasiadas radiaciones solares a causa de los gases de efecto invernadero. ¡Cuidado con el sobrecalentamiento o las actividades humanas como la sobrepesca que amenazan los ecosistemas marinos y su biodiversidad! Afortunadamente, cada vez escuchamos más a los científicos. Ya es hora de movilizarse y de que se implementen soluciones para preservar este espacio... ¡y nosotros con él!

Australia, un país-continente

La superficie de Australia es 15 veces la de España. Los planisferios no reflejan su enormidad con exactitud. En esta fotografía, el rojo del *bush* acaba fundiéndose con el azul del cielo en un bello degradado de colores.

El *bush*

Forma parte de la identidad australiana. Esta aislada región está dividida en dos ecorregiones: el *bush* sudoriental y el *bush* meridional. En su conjunto, alberga una flora y una fauna típicas. Allí habitan canguros, uapitíes y koalas. Es cálido y seco durante todo el año y los incendios son frecuentes.

Una ley para la protección del clima

Australia ha hecho de la reducción de la emisión de gases de invernadero una prioridad. Esos gases retienen en la atmósfera terrestre el calor solar y el de origen humano y contribuyen al recalentamiento del planeta. Recientemente se ha aprobado una ley que obliga a las empresas más contaminantes (minas de carbón, centrales termoeléctricas) a reducir sus emisiones.

Melbourne, ciudad de cultura y deporte

Rumbo a Australia hasta Melbourne. Fue la primera ciudad del hemisferio sur en albergar los Juegos Olímpicos, en 1956. Se dice que allí se vive bien. En la fotografía aparece la bahía de Port Philip, que se abre al estrecho de Bass, en el océano Índico.

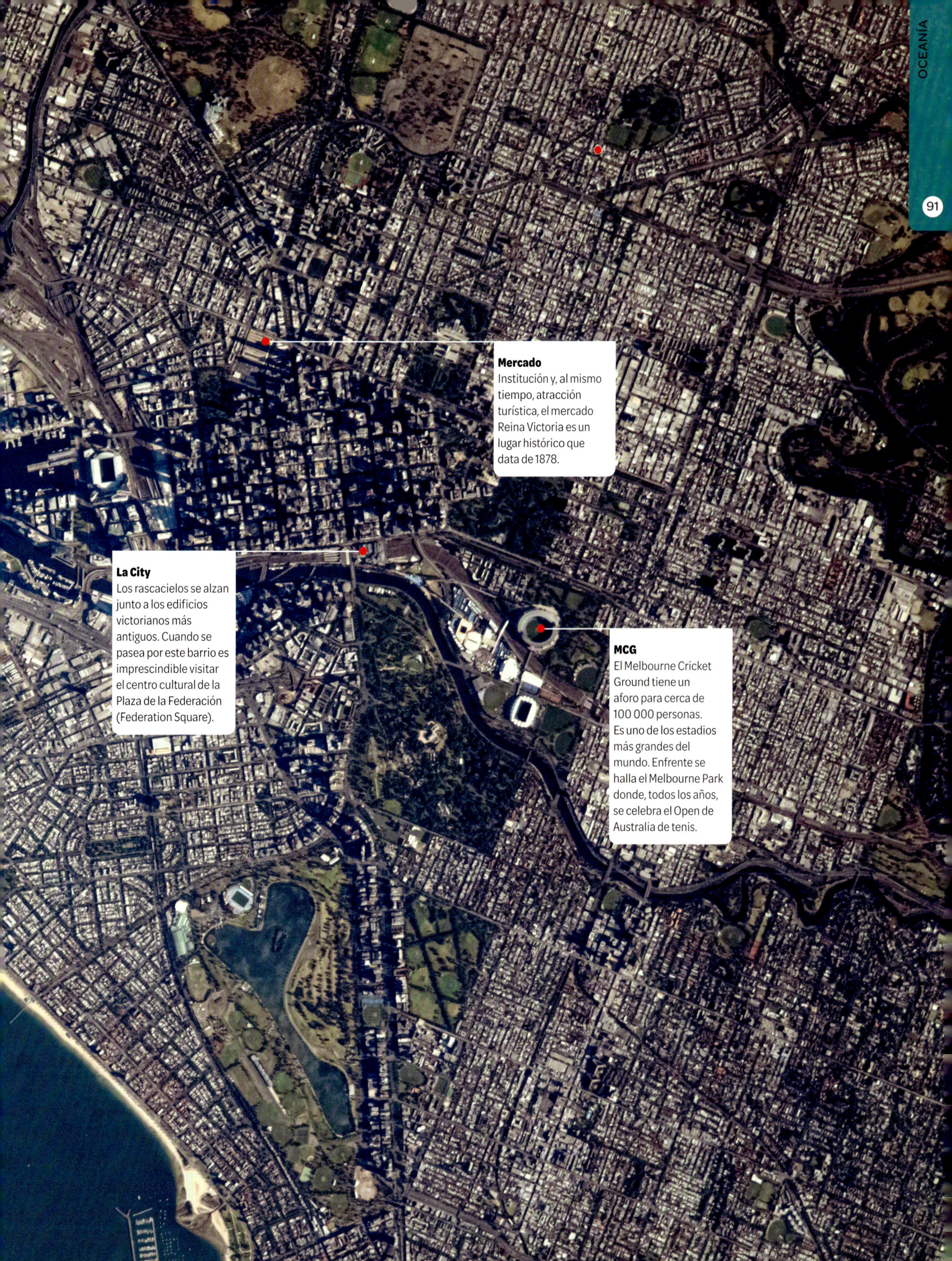

Mercado
Institución y, al mismo tiempo, atracción turística, el mercado Reina Victoria es un lugar histórico que data de 1878.

La City
Los rascacielos se alzan junto a los edificios victorianos más antiguos. Cuando se pasea por este barrio es imprescindible visitar el centro cultural de la Plaza de la Federación (Federation Square).

MCG
El Melbourne Cricket Ground tiene un aforo para cerca de 100 000 personas. Es uno de los estadios más grandes del mundo. Enfrente se halla el Melbourne Park donde, todos los años, se celebra el Open de Australia de tenis.

El *outback* australiano

Es famoso por el monolito más grande del mundo, el Uluru, los parques nacionales de Kakadu y West MacDonanell Ranges, Kings Canyon y su tierra roja. ¡El *outback* es algo que hay que ver!

Luz roja
Se distinguen carreteras, pero ningún edificio: sobrevolar este país-continente da siempre la impresión de contemplar el origen del mundo.

Nueva Zelanda

Durante mucho tiempo salvaje y secreta, Nueva Zelanda recibió seres humanos relativamente tarde. Los maoríes, a los que los All Blacks, el equipo nacional de rugby, deben la danza de la *haka*, llegaron hace menos de mil años.

La península de Banks
Se trata de un volcán extinto junto a la costa de Nueva Zelanda que da al océano Pacífico.

Como en una película

El río Wairau se desliza entre los viñedos de la región de Marlborough, en Nueva Zelanda, para hacer una entrada multicolor en el estrecho de Cook. A su alrededor se hallan los valles profundos y los relieves que hicieron de este paisaje el decorado ideal para la película *El Señor de los Anillos*. Incluso desde el espacio se percibe el ambiente de la Tierra Media, el mundo imaginado por J. R. R. Tolkien.

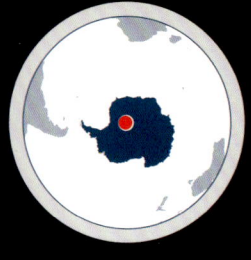

El otro continente: la Antártida

Es una parte misteriosa de la Tierra. La única población humana de este continente, en el polo Sur, algo así como nuestra Estación Espacial, son las expediciones científicas. ¡Y por buenos motivos! Casi la totalidad de su territorio está cubierta por una capa de hielo de hasta 4 kilómetros de espesor, y su clima es extremo: las temperaturas pueden llegar hasta los -60 °C, y los vientos pueden ser muy violentos.

Superficie blanca

La Antártida tiene una extensión de 14 millones de kilómetros cuadrados: aproximadamente 1,3 veces la superficie de Europa o 27 veces la de España.

La Antártida

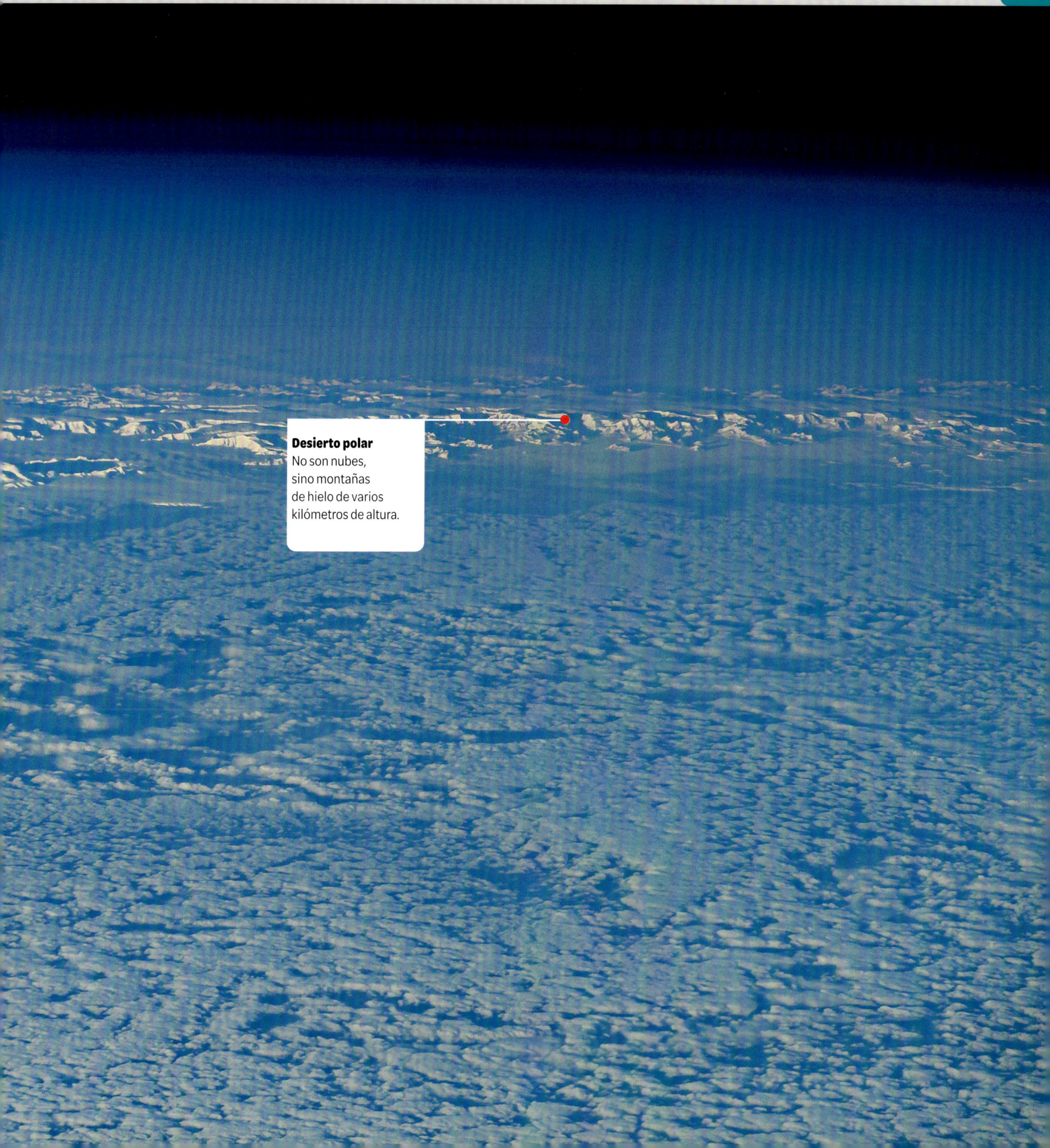

Desierto polar
No son nubes,
sino montañas
de hielo de varios
kilómetros de altura.

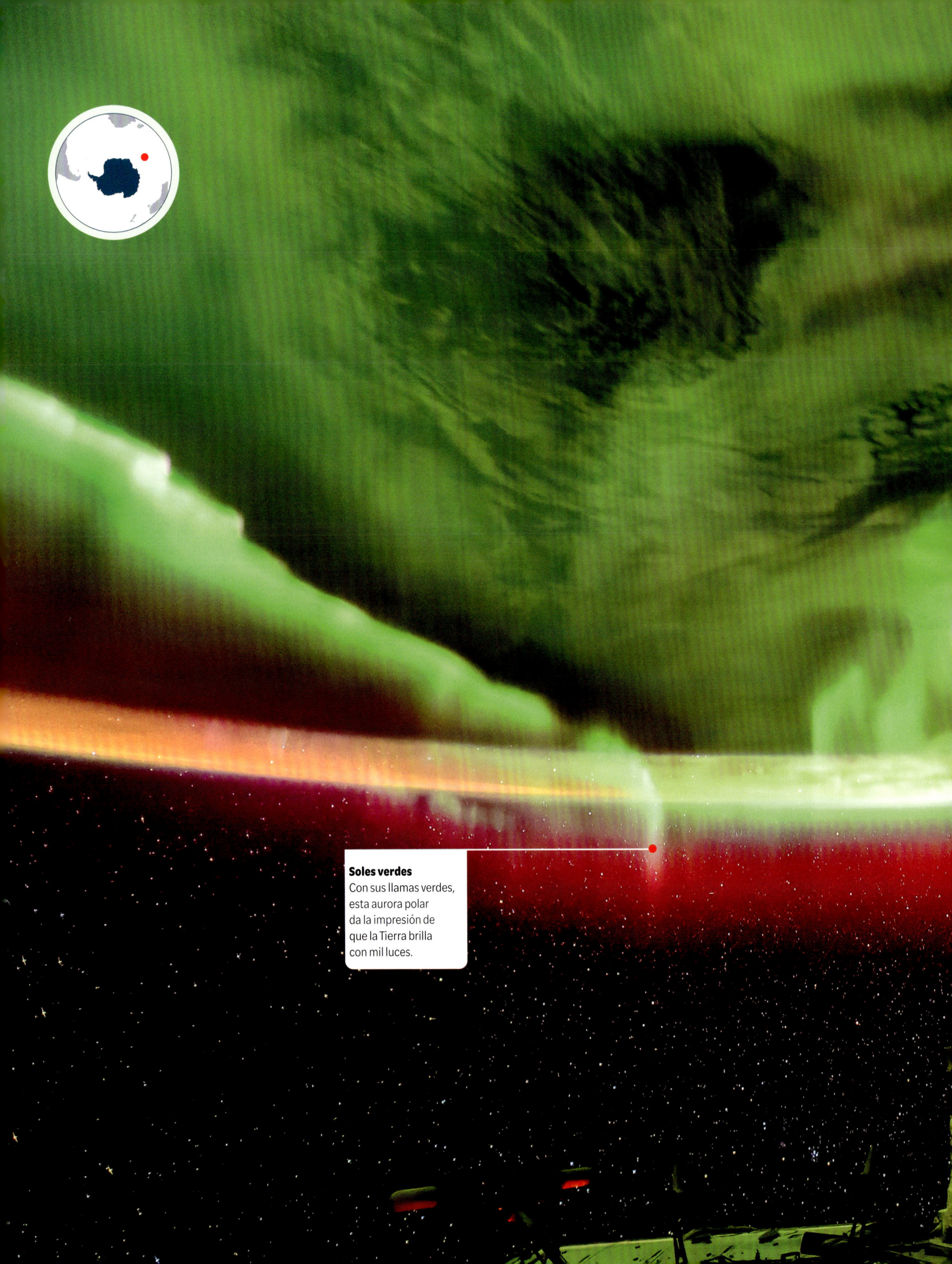

Soles verdes
Con sus llamas verdes, esta aurora polar da la impresión de que la Tierra brilla con mil luces.

Las auroras polares

Las auroras polares, boreales en el norte y australes en el sur, son fenómenos luminosos caracterizados por sus nubes de colores, que se observan por la noche. ¿Pero de dónde proceden sus colores? Se generan por las colisiones entre las partículas solares, cargadas de protones y electrones, y los gases de la atmósfera terrestre, que producen pequeños destellos de luz. Su color más habitual es el verde, pero también aparecen el rosa y el rojo.

Una noche en el museo

Van Gogh pintó *La noche estrellada* con los ojos puestos en el sublime cielo de la Provenza. ¿Qué habría pintado si hubiera colocado su caballete en la Cupola?

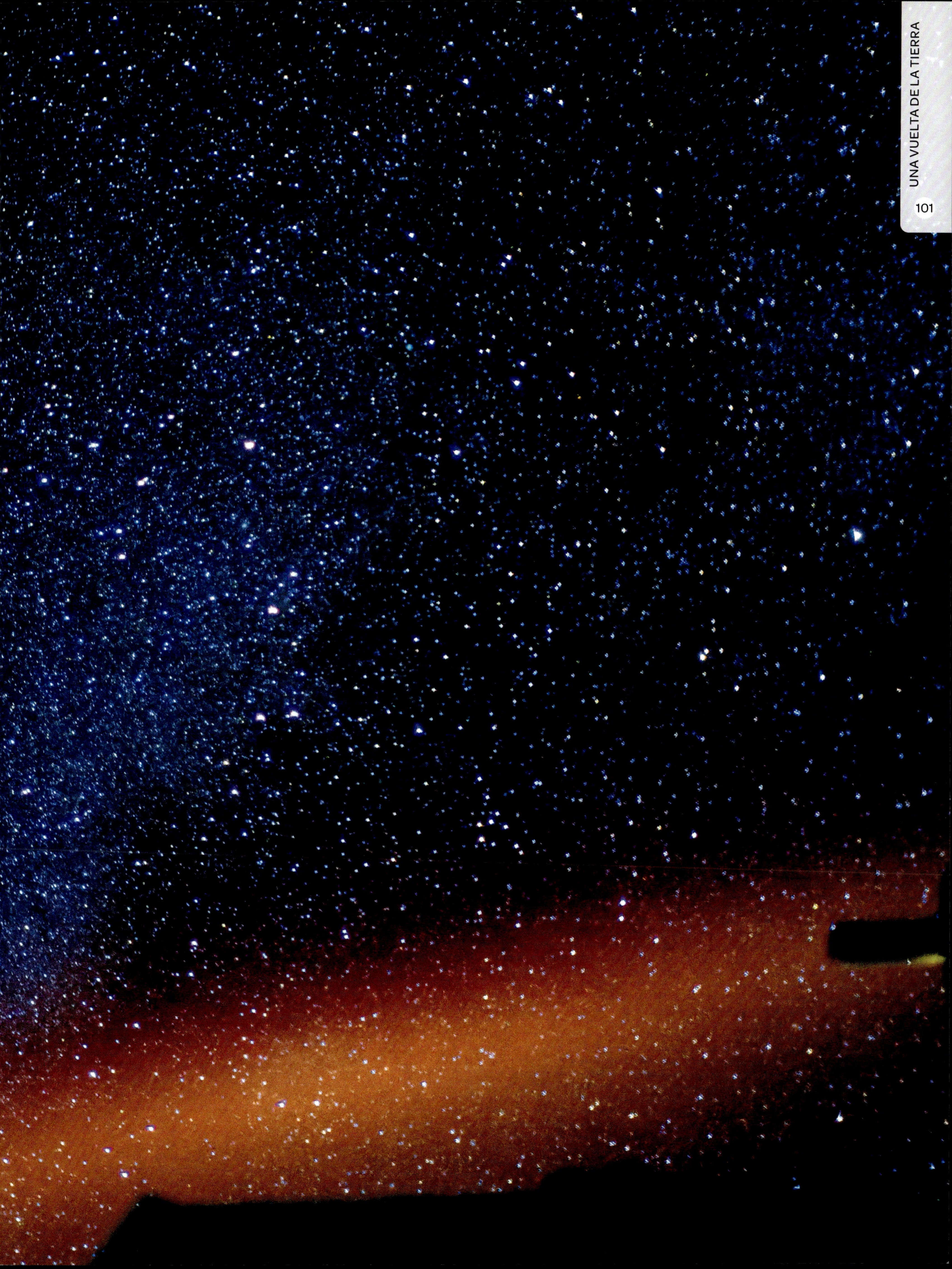

Más de cuarenta años al servicio de la humanidad

Aviation Sans Frontières es una organización sin ánimo de lucro en la que participan voluntarios, de los que muchos son pilotos profesionales.
Utilizamos la aviación para llegar a poblaciones muy aisladas que no tienen acceso a estructuras médicas.

Todos los años transportamos personal y material sanitario. Evacuamos a enfermos o heridos, sobre todo niños, para que sean intervenidos quirúrgicamente en Francia. Los miles de voluntarios, tanto pilotos como mecánicos, acompañantes y especialistas en logística, se sienten orgullosos de formar parte de la cadena de solidaridad de la humanidad.

BLUME

Título original *Thomas Pesquet raconte notre planète bleue*

Concepto gráfico David Laforgue
Edición Lucie Matranga, Anne Kalicky
Traducción Alfonso Rodríguez Arias Doctor Ingeniero Industrial
Revisión de la edición en lengua española Dulcinea Otero-Piñeiro
Coordinación de la edición en lengua española Cristina Rodríguez Fischer

Primera edición en lengua española 2024

© 2024 Naturart, S.A. Editado por BLUME
Carrer de les Alberes, 52, 2.º, Vallvidrera
08017 Barcelona (Spain)
Tel. +34 93 205 40 00 e-mail: info@blume.net
© 2023 Éditions Flammarion / ESA, París

Créditos de las fotografías
© ESA / NASA / Thomas Pesquet
Página 8 © Peggy Whitson / NASA
Página 9 (Tripulación Dragon 2) © NASA
Página 9 (retrato de Thomas Pesquet) © SpaceX
Página 11 © NASA (Curso de ruso) © ESA
Página 12 (Tripulación) © Ashish Sharma, SpaceX
Página 13 © Ashish Sharma, SpaceX (Dragon en el espacio) © NASA
Fotografías del desplegable © NASA

I.S.B.N.: 978-84-10048-81-2
Depósito legal: B.4901-2024
Impreso en China

WWW.BLUME.NET